Bhadresh R Sudani

# Crónicas Químicas da Moringa Oleífera: Desvendando o Alquímico da Natureza

**Bhadresh R Sudani**

# Crónicas Químicas da Moringa Oleífera: Desvendando o Alquímico da Natureza

## O MILAGRE MÍSTICO DA MORINGA

**ScienciaScripts**

**Imprint**

Any brand names and product names mentioned in this book are subject to trademark, brand or patent protection and are trademarks or registered trademarks of their respective holders. The use of brand names, product names, common names, trade names, product descriptions etc. even without a particular marking in this work is in no way to be construed to mean that such names may be regarded as unrestricted in respect of trademark and brand protection legislation and could thus be used by anyone.

Cover image: www.ingimage.com

This book is a translation from the original published under ISBN 978-620-7-48725-7.

Publisher:
Sciencia Scripts
is a trademark of
Dodo Books Indian Ocean Ltd. and OmniScriptum S.R.L publishing group

120 High Road, East Finchley, London, N2 9ED, United Kingdom
Str. Armeneasca 28/1, office 1, Chisinau MD-2012, Republic of Moldova, Europe
Printed at: see last page
**ISBN: 978-620-8-13658-1**

# PRÓLOGO

O fígado é um órgão em que a probabilidade de ter um tumor secundário é 18 a 40 vezes superior à de um tumor primário. O padrão de ocorrência de metástases hepáticas depende da localização do tumor primário, do seu tipo histológico, bem como do sexo e da idade do doente. Cerca de metade das metástases hepáticas têm origem no trato gastrointestinal e, neste grupo, o cancro do cólon e do reto é o tumor mais comum que metastiza para o fígado.

O número de casos de cancro em Espanha aumenta todos os anos. Do total, 3.000 novos casos diagnosticados são de cancro do fígado. Mais de 50% destes doentes são candidatos a tratamento com técnicas de termoablação minimamente invasivas, uma metodologia que, de acordo com os últimos estudos, melhora as taxas de recorrência da doença, bem como as expectativas e a qualidade de vida dos doentes. No entanto, apenas metade dos doentes que poderiam ser candidatos a este tipo de terapêutica têm acesso a este tipo de terapia. A precisão desta tecnologia também se destaca na sua indicação para metástases hepáticas, uma patologia que aparece, por exemplo, em 50% dos pacientes com cancro colorrectal, um dos cancros mais comuns em Espanha.

O aumento da incidência dos tumores hepáticos levou ao desenvolvimento de diferentes opções terapêuticas ablativas minimamente invasivas que estão a ganhar especial relevância na prática clínica como complemento ou alternativa à cirurgia. Neste cenário, é importante conhecer as indicações de cada uma delas, de forma a personalizar o tratamento para cada doente.

# ÍNDICE

# Capítulo 1: Generalidades e tipos de ablação

# INTRODUÇÃO

O número de casos de cancro em Espanha aumenta todos os anos. Do total, mais de 3.000 novos casos diagnosticados são de cancro do fígado. Mais de 50% destes doentes são candidatos a tratamento com técnicas de termoablação minimamente invasivas, uma metodologia que, de acordo com os estudos mais recentes, melhora as taxas de recorrência da doença, bem como as expectativas e a qualidade de vida dos doentes.

A ablação térmica é um tratamento minimamente invasivo, guiado por imagens, que utiliza calor ou frio extremos para destruir as células tumorais cancerosas.

As técnicas de ablação tumoral local, também designadas por técnicas de ablação tumoral guiadas por imagem, são um grupo de procedimentos em que o "estímulo terapêutico" é administrado seletivamente na área do tumor, poupando o resto do parênquima não tumoral. Isto envolve normalmente a utilização de diferentes métodos físico-químicos para causar uma área de necrose tumoral, preservando o tecido normal circundante (1).

Nas últimas duas décadas, as terapias ablativas com compostos químicos ou energia térmica emergiram como um tratamento eficaz para a gestão curativa de pequenos tumores primários ou metastáticos do fígado (2).

A ablação completa do tumor e a cura do doente podem ser um objetivo possível em casos selecionados. Noutros casos, pode ser alcançado um aumento da sobrevivência ou uma melhoria sintomática. Na patologia hepática, a via de administração deste estímulo é frequentemente percutânea, mas ocasionalmente o acesso é cirúrgico, através de laparotomia ou laparoscopia com/sem ressecção hepática, e pode oferecer vantagens consideráveis. Podem distinguir-se dois grandes grupos de técnicas:

• Técnicas que aplicam o tratamento químico: Injeção percutânea de etanol (IPE). Consiste na injeção de etanol puro na lesão a tratar, produzindo a desidratação celular, a desnaturação das proteínas e, finalmente, a apoptose celular. Foi descrito que esta técnica não é útil para as metástases, embora seja considerada tão eficaz como as outras técnicas para o tratamento do hepatocarcinoma com menos de 2 cm.

• Técnicas de aplicação de tratamentos térmicos: Existem vários métodos de terapias ablativas (3):

- Radiofrequência (RF): utilização de calor local. O objetivo é induzir a necrose coagulativa através de uma corrente electromagnética alternada numa gama de frequências de aproximadamente 375-500 kHz para atingir uma temperatura de 90-120ºC.

- Micro-ondas (micro-ondas = MW) Trata-se igualmente de induzir uma necroscoagulação através de um emissor de micro-ondas que gera energia electromagnética a frequências iguais ou superiores a 900 kHz.

- Crioterapia: laser ou utilização do frio local através da criocirurgia (CC) Consiste na formação de cristais de gelo intracelulares que induzem a necrose dos tecidos. Utilizam-se agulhas que, através de sistemas de expansão de gás circulante, atingem temperaturas até -40ºC, destruindo assim irreversivelmente o tecido.

- A electroporação é uma técnica baseada na utilização de impulsos eléctricos que provocam defeitos na membrana celular a um nível nanométrico, denominados nanoporos ou poros condutores, gerando uma permeação da membrana das células-alvo. Esta permeação pode ser temporária (electroporação reversível), mas também pode ser permanente acima de um determinado nível elétrico, causando a morte da célula por perturbação da homeostase celular (electroporação irreversível).

- Aplicação de ultra-sons (geralmente sob a forma de ultra-sons focalizados de alta intensidade (HIFU))

- Nanotermia/Oncotermia

- Terapia Térmica Intersticial a Laser (LITT)

Todas elas são consideradas técnicas minimamente invasivas e têm pelo menos três vantagens em relação aos procedimentos cirúrgicos ressectivos convencionais:

1. A possibilidade de tratar pacientes sem indicação cirúrgica.

2. Redução da morbilidade e da mortalidade e melhor tolerância por parte dos doentes.

3. Baixo custo por procedimento.

A ablação térmica, tal como o nome indica, baseia-se na geração de calor no tecido alvo para conseguir a destruição do tecido. O objetivo da ablação térmica é aquecer os tecidos malignos a temperaturas que possam induzir a necrose coagulativa imediata (normalmente acima de 60°C (4).

O fígado pode ser particularmente difícil de tratar eficazmente, uma vez que este órgão tem uma elevada perfusão tecidular e grandes vasos sanguíneos que podem atuar como "dissipadores de calor" perto do local de ablação. Estes dissipadores de calor podem diminuir o efeito do tratamento nas células malignas para níveis de temperatura sub-letais, aumentando a probabilidade de progressão local do tumor ao limitar a dimensão e a eficácia do local de ablação.

Um tratamento completo deve abranger o tumor mais uma margem de 5-10 mm (análogo a uma margem cirúrgica), mas respeitando o parênquima saudável e as estruturas vulneráveis. (5,6) Um tratamento ótimo requer

- Colocação correta do dispositivo
- Fornecimento de energia suficiente
- Verificação das margens de ablação

Os diferentes métodos de ablação estão resumidos na tabela 1.

## Tabela 1: Métodos de ablação e mecanismo de ação

| | |
|---|---|
| **Calor por radiofrequência (RFA)** | A corrente eléctrica de alta frequência (intervalo de 350-500 KHz) passa através de um elétrodo, criando calor por fricção que destrói tecidos e células. O aquecimento direto por FRA ocorre dentro de alguns milímetros da agulha, mas é criada uma zona de ablação final quando a condução térmica empurra o calor para áreas mais periféricas à volta do elétrodo. |
| **Micro-ondas (MWA) Calor** | Uma forma de ablação térmica que utiliza ondas electromagnéticas a frequências no espetro de energia de micro-ondas (915 MHz ou 2,45 GHz em técnicas ablativas) para produzir efeitos de aquecimento dos tecidos. Nos tecidos, o aquecimento ocorre porque o campo eletromagnético (EM) força as moléculas de água a oscilar. As moléculas de água ligadas tendem a oscilar fora de fase, pelo que alguma da energia EM é absorvida e convertida em calor. |
| **Laser (LITT) Calor** | A terapia térmica induzida por laser (LITT) é uma técnica de ablação percutânea de tumores que utiliza lasers de alta potência colocados intersticialmente no tumor para administrar a terapia. Os sistemas modernos utilizam sistemas laser de díodo pequenos, compactos e de alta potência com aplicadores ativamente arrefecidos para ajudar a evitar a carbonização dos tecidos durante o procedimento. |
| **Ultrassom focalizado de alta intensidade (HIFU) Calor** | Trata-se de uma tecnologia que utiliza ondas de ultra-sons para fazer a ablação de tecidos. A terapia HIFU pode transportar energia sob a forma de ondas de ultra-sons através de diferentes tecidos até um determinado objeto. Produz um aumento da temperatura (efeito térmico) e outras interações biológicas, sendo a mais significativa a cavitação acústica, de uma forma completamente não invasiva. É o único procedimento que não requer a inserção de uma agulha ou antena no interior do corpo do paciente. |
| **Crioablação a frio** | A crioablação é um tratamento para matar as células cancerígenas com frio extremo. Durante a crioablação, uma agulha fina em forma de haste (crioprobe) é inserida diretamente no tumor. Um gás (nitrogénio líquido ou gás árgon) é bombeado para a criossonda para criar um frio intenso que congela e destrói o tecido doente, que é depois deixado descongelar. O processo de congelação e descongelação pode ser repetido várias vezes durante a mesma sessão de tratamento. |
| **Electroporação irreversível (IRE) Não térmico** | É uma técnica de ablação de tecidos que utiliza campos eléctricos ultra-curtos, mas fortes, para criar nanoporos permanentes e letais na membrana celular, de modo a perturbar a homeostase celular. A EIR aplica várias séries de impulsos eléctricos (90 impulsos) de 1500 a 3000 V. Ao contrário da ablação térmica, a IRE afecta apenas a membrana celular, preservando a estrutura extracelular, pelo que as estruturas do lúmen, como os vasos sanguíneos, os canais biliares e o intestino, permanecem patentes e podem regenerar-se. |

Os avanços nos sistemas de navegação, realidade aumentada, reconstrução 3D, controlo de resultados e novos sistemas de ablação farão com que, num futuro próximo, o *gold standard* para tumores hepáticos de 3cm ou menos seja a ablação percutânea (80%) ou laparoscópica (20%), esta última em tumores periféricos ou em combinação com tratamentos cirúrgicos. As técnicas de ablação tumoral no tratamento dos tumores hepáticos têm vindo a ganhar terreno no tratamento paliativo e sobretudo terapêutico (quadro 2).

**Tabela 2: Indicações para cada método de ablação hepática**

| NO FÍGADO | RADIOFREQUÊNCIA | MICROONDAS | IRE | CRIOTERAPIA |
|---|---|---|---|---|
| Tumores<2cm | +++ | ++ | ++ | ++ |
| Tumores>2cm | ++ | +++ | + | ++ |
| Tumores próximos de estruturas vasculares periféricas | + | +++ | ++ | ++ |
| Tumores perto de estruturas vasculares centrais ou do ducto biliar | ++ | + | +++ | + |

Há dois fenómenos a considerar que podem eliminar ou reduzir o efeito térmico dos dispositivos de ablação:

- Efeito dissipador de calor: Refere-se ao efeito de arrefecimento dos vasos adjacentes à área    de ablação com um diâmetro >1 mm. Este efeito proporciona proteção para os vasos sanguíneos, embora também possa levar a uma possível diminuição da área de ablação teórica.

- Arrefecimento dos tecidos mediado pela perfusão: Refere-se ao efeito de arrefecimento dos efeitos da microperfusão capilar nos tecidos. Existem várias técnicas para reduzir este efeito com base na farmacoterapia ou em técnicas invasivas, como a oclusão vascular temporária por balão, a oclusão vascular definitiva (embolização) e a oclusão vascular cirúrgica.

As técnicas de ablação percutânea são procedimentos minimamente invasivos, embora não sejam isentos de riscos. Assim, é necessário conhecer as potenciais complicações e a mortalidade associada para avaliar os riscos e benefícios de forma individualizada. Existe uma grande heterogeneidade nos estudos sobre estas técnicas, o que dificulta o estabelecimento de padrões de qualidade, complicações da ablação, taxas de sucesso e recorrência da doença após a ablação. Uma complicação grave é definida como todos os sintomas que surgem após a ablação e persistem por mais de uma semana, atrasam a alta hospitalar, estão associados a uma comorbilidade significativa ou representam risco de vida.

Classificação SIR (Society of Interventional Radiology) para categorizar a gravidade das lesões (Tabela 3):

**Tabela 3: Classificação SIR da gravidade das complicações**

| Categoría | Definición |
| --- | --- |
| I | Sin tratamiento, consecuencias o secuelas adversas. |
| II | Requiere un incremento no planeado del nivel de cuidado, o mínima consecuencia o secuela. |
| III | Requiere un incremento no planeado del nivel de cuidado a un grado intermedio o una secuela intermedia, con hospitalización en el hospital para observación. |
| IV | Requiere un incremento no planeado del nivel de cuidado a un grado mayor, con secuela grave y hospitalización prolongada (>48 horas). |
| V | Muerte directa o indirectamente relacionada con el procedimiento. |

A taxa de morte e de complicações graves após a ablação térmica é baixa:

- Mortalidade: 0 -1,4% Mortalidade: 0 -1,4% Mortalidade: 0 -1,4% Mortalidade: 0 - 1,4%

- Complicações graves: 2,2 -5,7% (7)

**TABELA 4: Complicações após a ablação de lesões hepáticas**

| | | |
|---|---|---|
| **Causas de muerte** | Perforación intestinal | |
| | Trombosis portal | |
| | Fallo hepático | |
| | Shock séptico | |
| | Hemorragia hepática masiva | |
| **Complicaciones mayores** | Hemorragia | |
| | Fallo hepático | |
| | Complicaciones intestinales | |
| | Complicaciones biliares | Estenosis biliar |
| | | Bilioma |
| | | Colecistitis |
| | | Fistulas broncobiliares |
| | Infecciones | Abscesos |
| | | Peritonitis |
| | Trombosis vascular e infarto hepático | |
| | Complicaciones pleurales | Pneumotorax |
| | | Hemotorax |
| | | Derrame pleural masivo |
| **Complicaciones menores** | Dolor | |
| | Fiebre | |
| | Derrame pleural asintomático. | |

# Complicações vasculares

**Hemorragia:** A hemorragia é uma das complicações principais mais frequentes relacionadas com a ablação térmica hepática. Em geral, o risco de hemorragia é baixo (<2%), embora possa variar consoante o grau de cirrose do parênquima hepático e a localização do tumor (por exemplo, se o tumor estiver próximo de um vaso grande). A hemorragia é geralmente intraperitoneal, mas também pode ser subcapsular, intralesional, intraparenquimatosa ou pleural. Podem existir 3 condições hemorrágicas: hemorragia arterial ativa, pseudoaneurisma e hemorragia em lençol venoso. A maioria das hemorragias são geralmente limitadas e podem ser tratadas de forma conservadora. A hemorragia arterial ativa e o pseudoaneurisma requerem tratamento endovascular.

Para evitar hemorragias, devem ser tidos em conta os seguintes factores

- Correção das coagulopatias.
- Atravessar a cápsula hepática o mínimo de vezes possível.
- Evitar grandes vasos no trajeto da agulha.
- A cauterização do trajeto da agulha demonstrou reduzir o risco de hemorragia.

**Fístulas vasculares:** Pode haver cicatrizes patológicas que levam a uma comunicação arterio-portal ou arterio-venosa (com a veia supra-hepática), arterio-biliar ou intestinal. O seu tratamento requer normalmente uma embolização selectiva e, menos frequentemente, uma correção cirúrgica.

**Trombose portal e supra-hepática:** A incidência de trombose das veias portal e supra-hepática situa-se entre 1,7% e 1,4%, respetivamente. A trombose portal ocorre normalmente de forma rápida após o procedimento. Os vasos de pequeno calibre (<3 mm) tendem a ser mais susceptíveis à trombose por lesão térmica, uma vez que não têm efeito dissipador de calor (apenas os grandes vasos). A lesão térmica pode causar trombose em grandes vasos se houver diminuição do fluxo (por exemplo, em doentes cirróticos). O tratamento da trombose venosa é avaliado numa base individual. Normalmente, não é necessário tratamento, embora possa ser necessária anticoagulação sistémica ou trombólise local se a função hepática estiver comprometida.

**Enfarte hepático:** Trata-se de uma complicação pouco frequente (1,8%) devido ao duplo fornecimento de sangue hepático e à importante colateralidade vascular. Quando o enfarte hepático é estabelecido, o tratamento é geralmente conservador.

**1. Complicações biliares:** As complicações no sistema biliar com formação de biliomas ocorrem normalmente com a ablação de tumores na proximidade dos canais biliares e são mais frequentes com as técnicas de ablação por MW. Considera-se que os principais canais biliares localizados perto do hilo hepático estão protegidos contra danos térmicos pelo efeito de dissipador de calor da veia porta (com exceção de situações de diminuição do fluxo vascular). Por este motivo, a ablação completa de lesões localizadas na proximidade do hilo vascular hepático é difícil devido ao seu efeito de arrefecimento. A técnica de eleição para lesões na proximidade do hilo hepático seria a IRE, uma vez que evita o efeito de dissipação de calor e produz menos danos na via biliar. Em ocasiões especiais, pode considerar-se o arrefecimento da via biliar através da drenagem da via biliar. As estenoses biliares são uma das principais complicações que, quando graves (iterícia, colangite ou abcesso), podem exigir uma drenagem biliar percutânea.

**Abcesso hepático:** O abcesso hepático é uma das principais complicações após a ablação de tumores (0,2-2%). As principais causas são a colonização do trato biliar (anastomose bilioentérica, esfiterectomia endoscópica, stent biliar ou pneumobilia). O tratamento dos abcessos pós-abdominais é geralmente o mesmo que para qualquer outra etiologia: pequenos abcessos com tratamento antibiótico são geralmente suficientes e grandes abcessos requerem geralmente drenagem percutânea.

**2. Complicações extra-hepáticas:** As complicações podem ser agrupadas da seguinte forma
extra-hepática em 4 grupos principais:

- Penetração e lesão térmica de órgãos adjacentes
- Implantes no trajeto da agulha
- Efeito térmico dos órgãos adjacentes.
- Pneumotórax - Hemotórax

**Pneumotórax e hemotórax:** dependem principalmente do acesso percutâneo e da trajetória da agulha, embora possam por vezes ser secundários ao tratamento de lesões junto à cúpula hepática. Recomenda-se a realização de uma radiografia do tórax se o doente apresentar dor torácica ou dispneia para confirmação. Tanto o pneumotórax como o hemotórax são geralmente autolimitados, embora se o doente continuar sintomático possa ser necessário um tubo de drenagem torácica. Outras complicações menos comuns incluem hérnias diafragmáticas devido a lesão direta do diafragma.

**Lesões nas vísceras ocas:** O tratamento de lesões hepáticas subcapsulares pode causar lesões no cólon, no intestino delgado e na câmara gástrica, sendo o cólon muito sensível devido à sua parede fina e posição fixa. As aderências devidas a cirurgias anteriores ou a colecistite crónica aumentam o risco de perfuração intestinal devido à diminuição da motilidade intestinal. Uma distância de pelo menos 1 cm entre o local de ablação e o intestino é considerada segura. O tratamento das lesões do trato gastrointestinal (TGI) inclui antibioterapia, drenagem de líquido infetado e abcessos, sendo a cirurgia a última opção.

**Colecistite:** A colecistite aguda pode ocorrer após a ablação de massas adjacentes à vesícula biliar. Nos exames subsequentes, pode ser encontrado um espessamento mínimo da parede da vesícula biliar, sendo a colecistite ou a perfuração da vesícula biliar excepcionais, uma vez que a bílis dissipa a energia para a fossa da vesícula biliar.

Semeadura **do tumor:** A semeadura do tumor no trajeto da agulha é extremamente rara (0,3-4%). Os factores de risco mais importantes são: tumor pouco diferenciado, localização subcapsular, biopsias percutâneas anteriores, múltiplas sessões de tratamento, utilização de múltiplas agulhas. Para evitar a sementeira de tumores, recomenda-se a utilização do número mínimo de punções e tentativas de reposicionamento, a travessia da menor distância possível de parênquima hepático saudável e a cauterização do trajeto de entrada após o procedimento.

# SELECÇÃO DE DOENTES

A principal limitação da ablação térmica (AT) tem sido a progressão local do tumor (LTP) e o tamanho do tumor. A LTP é 3 vezes mais frequente em tumores com mais de 3 cm (8). O número de lesões metastáticas também é importante durante a seleção dos doentes, uma vez que os doentes com múltiplos tumores podem ter uma reserva hepática limitada e podem ter um risco mais elevado de progressão hepática multifocal.

O conhecimento crescente dos factores que afectam os resultados oncológicos após a ablação tem permitido que os doentes com doença ressecável de pequeno volume sejam tratados por AT com intenção curativa. As indicações universalmente aceites para a ablação guiada por imagem incluem:

- Número limitado de metástases (menos de 5)
- Tumores pequenos (até 5 cm de diâmetro máximo)
- Pacientes que não podem ser submetidos a cirurgia ou que a recusam. (9)

Em candidatos a cirurgia potencialmente de baixo risco, com um tumor de tamanho inferior a 3 cm e sem doença extra-hepática, a AT percutânea com margens de ablação superiores a 10 mm pode oferecer uma hipótese de cura local semelhante à hepatectomia, evitando a morbilidade cirúrgica. (10)

A AT guiada por imagem minimiza a destruição de tecido hepático saudável e é preferível à hepatectomia em doentes com cirrose subjacente ou esteato-hepatite em resultado de exposição prolongada a quimioterapia e em doentes que tenham sido previamente submetidos a uma ressecção hepática extensa. Vários estudos não controlados de AT percutânea guiada por imagem relataram resultados de sobrevivência global comparáveis à hepatectomia (até 55% aos 5 anos).(11)

Foi proposta uma pontuação de risco clínico para a ablação, indicando que determinadas caraterísticas do doente e da doença têm maior probabilidade de prever os resultados oncológicos após a AT e que a progressão do tumor local após a AT deve ser considerada durante a seleção dos doentes (12).

Vários factores estão associados à diminuição da sobrevivência global e da sobrevivência livre de progressão do tumor local (PFS) após AT, incluindo (13):

- Biologia tumoral expressa como invasão linfovascular na altura da ressecção primária.

- O intervalo livre de doença entre o diagnóstico inicial e a deteção de metástases hepáticas é inferior a 12 meses.

- Tamanho do tumor superior a 3 cm.

- Nível de CEA superior a 30 ng/m (no caso de metástases de cancro do cólon).

- A origem do tumor primário, uma vez que os tumores primários com origem no cólon direito estão associados a piores resultados oncológicos em comparação com os doentes com CRC do lado esquerdo (14).

# IMAGIOLOGIA PRÉ-OPERATÓRIA

É necessário compreender a importância da imagiologia pré-ablação sistemática para a seleção dos doentes e o planeamento do procedimento:

- Uma tomografia computorizada (TC) de base com contraste intravenoso do tórax, abdómen e pélvis para o estudo de doentes considerados para ablação.
- A tomografia por emissão de positrões (PET)/CT pré-operatória de corpo inteiro com fluorodesoxiglicose (FDG) pode fornecer informações adicionais sobre a doença metastática hepática e extra-hepática e pode alterar o tratamento num número significativo de doentes (15); também porque utilizamos rotineiramente a orientação por PET durante a ablação, mas também porque a imagiologia metabólica parece ser extremamente sensível para a deteção precoce de LTP subsequente e da progressão da doença em geral. (16)
- A ressonância magnética (RM) e, em particular, a RM com contraste EOVIST é a modalidade de imagem mais precisa do ponto de vista anatómico para a deteção e caraterização de tumores hepáticos, fornecendo informações valiosas sobre a elegibilidade do doente para AT. É especialmente útil para a deteção de tumores mais pequenos que podem não ser facilmente detectados por TC e PET.

Isto permite a visualização do fígado e do tumor antes da administração do contraste, o que se assemelha ao aspeto do tumor no dia da ablação. As informações sobre o fornecimento arterial e a vascularização também podem ajudar no planeamento do procedimento.

# AVALIAÇÃO DA ZONA DE ABLAÇÃO

Todas as técnicas de TA percutânea envolvem a inserção de um aplicador (ou seja, elétrodo de radiofrequência, antena de micro-ondas, criossonda ou fibra laser) diretamente no tumor alvo ou adjacente a este. Os ultra-sons (US), a TC, a RM e a PET podem ser utilizados isoladamente ou em combinação para orientação. A US pode representar em tempo real a inserção do elétrodo (alvo) e a formação da zona de ablação (ZA), enquanto a fusão de imagens de PET e TC pode proporcionar orientação adicional, bem como uma melhor avaliação da ZA e das estruturas circundantes(17).

A proximidade do tumor a estruturas críticas é uma consideração importante para o planeamento da AT. Complicações como a perfuração gastrointestinal (observada em menos de 0,2% dos casos) podem ter um impacto significativo na morbilidade. As técnicas de hidro ou pneumodissecção (ou seja, instilação de fluido ou ar entre estruturas) e de interposição de balões sob orientação por US ou fluoroscopia por TC podem limitar a lesão colateral de estruturas próximas, como o trato gastrointestinal, o pâncreas, o rim ou o diafragma.(18)

A avaliação imagiológica pós-ablação deve confirmar a ablação completa do tumor com margens de ablação adequadas ou detetar tumor residual não ablacionado. Esta avaliação deve ser efectuada por:

• Uma tomografia computorizada pós-ablação com contraste (CECT) é mais frequentemente utilizada para fornecer uma avaliação rápida da área ablacionada, representada como uma área sem contraste de baixa atenuação. As imagens de TC de fase venosa pós-ablação podem ser fundidas com imagens de TC, PET ou RM pré-procedimento para delinear a zona de ablação (19) A avaliação por TC da lesão ablacionada deve ser efectuada pouco tempo e, idealmente, imediatamente após a ablação do tumor.

• Uma ecografia pós-bloqueamento imediata com contraste seguida de um exame CECT para avaliar a AZ e confirmar a cobertura completa do tumor alvo (20).

• É obrigatória a realização de uma TAC ou RM dinâmica 3-8 semanas após a AT para confirmar a ablação completa do tumor alvo.

A primeira imagem pós-ablação servirá como a nova imagem de referência para avaliação posterior da AZ e deteção da progressão do tumor local.

# BIBLIOGRAFIA

1. Salati U, Barry A, Chou FY, Ma R, Liu DM. Estado da nação de ablação: uma revisão das terapias ablativas para cura no tratamento do carcinoma hepatocelular. Future Oncol 2017; 13:1437-1448.

2. Wells SA, Hinshaw JL, Lubner MG, Ziemlewicz TJ, Brace CL, Lee FT Jr. Ablação hepática: melhores práticas. Radiol Clin North Am 2015; 53:933-971.

3. Seror O. Ablative therapies: Advantages and disadvantages of radiofrequency, cryotherapy, microwave and electroporation methods, or how to choose the right method for an individual patient? Diagnostic and Interventional Imaging. 2015; 96 (6):617-24

4. Goldberg SN, Gazelle GS, Mueller PR. Thermal ablation therapy for focal malignancy: A unified approach to underlying principles, techniques, and diagnostic imaging guidance. Am J Roentgenol. 2000; 174(2):323-31.

5. Ahmed M. Image-guided tumor ablation: Standardization of terminology and reporting criteria- a 10-year update. Radiology. 2014; 273(1):241-60.

6. Grupo de Investigação de Terapias de Ablação Metabólica em Cirurgia Oncológica (METABLATE). Kouri BE, Abrams RA, Al-Refaie WB, Azad N, Farrell J, Gaba RC, et al. Critérios de adequação do ACR para o tratamento radiológico de neoplasias hepáticas. J Am Coll Radiol. 2016; 13(3):265- 73.

7. Lahat E, et al. Complicações após ablação percutânea de tumores hepáticos: uma revisão sistemática. Hepatobiliary Surg Nutr 2014;3(5):317- 323.

8. Tanis E, Nordlinger B, Mauer M, et al: Taxas de recorrência local após ablação por radiofrequência ou ressecção de metástases hepáticas colorrectais. Análise da Organização Europeia para a Investigação e Tratamento do Cancro #40004 e #40983. Eur J Cancer 2014; 50: 912-919.

9. Gillams A, Goldberg N, Ahmed M, et al.: Ablação térmica de metástases hepáticas colorrectais: um documento de posição de um painel internacional de peritos em ablação, a reunião de oncologia de intervenção sem fronteiras 2013. Eur Radiol 2015; 25: 3438-3454.

10. Shady W, Petre EN, Do KG, et al: Percutaneous microwave versus radiofrequency ablation of colorectal liver metastases: A ablação com margens claras (A0) proporciona o melhor controlo local do tumor. J Vasc Int Radiol 2018; 29: 268-275.

11. Meijerink MR, Puijk RS, van Tilborg AAJM, et al.: Ablação por radiofrequência e micro-ondas comparada com quimioterapia sistémica e hepatectomia parcial no tratamento de metástases hepáticas colorrectais: Uma revisão sistemática e meta-análise. Cardiovasc Int Radiol 2018; 41: 1189-1204.

12. Shady W, Petre EN, Gonen M, et al: Ablação percutânea por radiofrequência de metástases hepáticas de cancro colorrectal: factores que afectam os resultados de uma experiência de 10 anos num único centro. Radiologia 2016; 278: 601-611.

13. Gu Y, Huang Z, Gu H, et al.: O local do primário afecta os resultados da ablação de metástases hepáticas colorrectais com ablação por radiofrequência? Cardiovasc Int Radiol 2018; 41: 912-919.

14. Yamashita S, Odisio B, Huang S, et al: A origem embrionária do cancro primário do cólon prevê a sobrevivência em doentes submetidos a ablação para metástases hepáticas colorrectais. HPB 2019; 21: S584-S5S5.

15. Kishore SA, Drabkin MJ, Sofocleous CT: Fluorodeoxiglucose-PET para planejamento de tratamento de ablação, monitoramento intraprocedimento e resposta. PET Clinics 2019; 14: 427-436.

16. Cornelis FH, Petre EN, Vakiani E, et al.: A injeção imediata de Postablation18F-FDG e o SUV correspondente são biomarcadores substitutos da progressão local do tumor após a ablação térmica de metástases hepáticas de carcinoma colorretal. J Nucl Med 2018; 59: 1360-1365.

17. Ahmed M, Solbiati L, Brace CL, et al.: Ablação de tumores guiada por imagem: normalização da terminologia e critérios de notificação - uma atualização de 10 anos. Radiologia 2014; 273: 241-260.

18. Garnon J, Cazzato RL, Caudrelier J, et al: Termoproteção adjuvante durante procedimentos de ablação térmica percutânea: Revisão das técnicas atuais. Cardiovasc Int Radiol 2018; 42: 344-357.

19. Solbiati M, Muglia R, Goldberg SN, et al: Uma nova plataforma de software para avaliação volumétrica da integridade da ablação. Int J Hyperther 2019; 36: 336-342.

20. Mauri G, Porazzi E, Cova L, et al.: Ultrassonografia intraprocedimento com contraste (CEUS) na ablação hepática percutânea por radiofrequência: Impacto clínico e avaliação das tecnologias de saúde. Insights Imaging 2014; 5: 209-216.

# INTRODUÇÃO

A ablação intra-operatória por radiofrequência (IRFA) de metástases hepáticas foi relatada pela primeira vez por Curley et al (1) em 1999 e Elias et al (2) em 2000.

A RFA representa a modalidade de ablação percutânea baseada em energia mais antiga e mais estudada até à data. Esta técnica utiliza corrente eléctrica alternada de alta frequência, na gama de radiofrequência de 200 a 1200 MHz, que é administrada na área do tumor através de um elétrodo de agulha colocado no tecido alvo por via percutânea ou laparoscópica. A ablação pode ser efectuada em diferentes situações:

- Como única opção terapêutica.
- Combinado com tratamento cirúrgico.
- Como tratamento inicial e subsequente terapia definitiva
- Associado ao tratamento de quimioterapia neo-adjuvante. Preparação para um tratamento posterior (transplante de fígado).

Atualmente, o tamanho das lesões não determina o tratamento por radiofrequência. No entanto, a eficácia do tratamento diminui significativamente quando se trata de lesões com um diâmetro superior a 8 cm, mesmo que sejam tratadas em duas ou três sessões.

É essencial localizar as lesões hepáticas, de preferência com monitorização por ultra-sons, para se poder efetuar o tratamento ablativo. As pequenas lesões localizadas sobretudo na parte superior posterior do lobo direito são de difícil acesso, dada a proximidade do diafragma e do pulmão, e requerem uma vasta experiência em punções hepáticas para o seu tratamento.

O número de lesões pode ditar a necessidade de várias sessões de tratamento.

# MECANISMO DE ACÇÃO

A RFA provoca a morte celular através da necrose por termocoagulação. O mecanismo de morte celular na RFA baseia-se na dissipação de energia eléctrica como calor de fricção (Fig. 1). Por conseguinte, a eficácia da RFA depende da condutividade do tecido, que está fortemente correlacionada com o teor de água. São utilizados clinicamente dois tipos de dispositivos de RFA:

- A RFA monopolar (MP) utiliza uma única antena. São inseridos eléctrodos intratumorais centrados na área a ser destruída. No caso de metástases com menos de 3,0 cm, o modo monopolar proporciona, de forma fiável, áreas esféricas de necrose reproduzíveis. No caso de lesões maiores, podem ser necessárias aplicações multifocais ou múltiplas aplicações sobrepostas de RFA (3).

- A PAR bipolar (BP) utiliza antenas duplas, ou seja, dois eléctrodos na mesma antena, virados um para o outro, o que resulta na ablação de um volume tumoral muito maior em comparação com a MP numa única ablação. É menos afetada pelo efeito de dissipador de calor do que a MP (4).

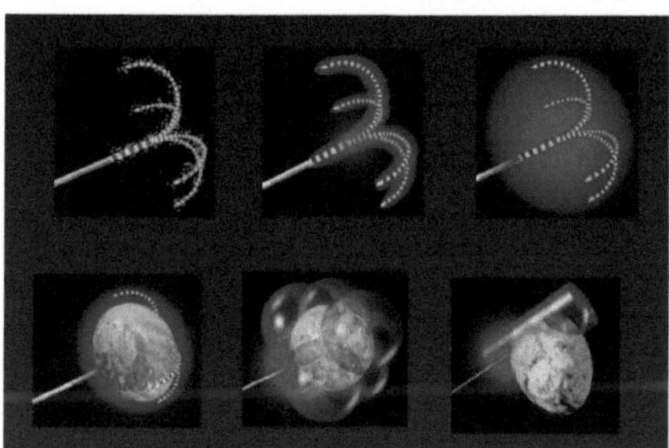

Fig. 1: Dispositivo na técnica de radiofrequência.

Dependendo do tamanho e da forma da ponta da agulha, é gerada uma área esférica ablacionada, normalmente com 2 a 5 cm de diâmetro, em cerca de 10 a 30 minutos. A zona de aquecimento do tecido ativo está limitada a alguns milímetros à volta do elétrodo ativo e o resto da área de ablação é aquecida por condução térmica. Com o aumento do tamanho da lesão, a eficácia do tratamento diminui, uma vez que o resultado máximo é obtido para volumes inferiores a 3,5 cm. A RFA é limitada pelo aumento da impedância e pela temperatura local excessiva. Existem vários dispositivos técnicos para evitar este efeito, tais como o controlo da temperatura ou da impedância durante o procedimento ou a instilação simultânea de soro fisiológico no tecido que circunda a agulha de RF (5, 6, 7). Temperaturas superiores a 100°C levam à desidratação e à carbonização do tecido, limitam a capacidade de aquecimento de uma sonda de RFA e também tornam a RFA particularmente sensível ao efeito de dissipação de calor do sangue que flui nos vasos adjacentes.

# MODALIDADES DE RFA E PADRÕES DE UTILIZAÇÃO

1. _Modalidades de RFA_: A RFA pode ser implementada de diferentes formas:

- **Via percutânea**: A RFA percutânea é geralmente utilizada para tratar doentes com metástases hepáticas que apresentam um risco elevado para cirurgia. A RFA percutânea guiada por ultra-sons (Fig. 2) permite uma

O mais frequentemente utilizado é o tratamento ambulatório rápido e pouco dispendioso, com relativa facilidade de acesso.

- **Cirurgia laparoscópica:** A abordagem laparoscópica minimamente invasiva pode ser efectuada em regime de ambulatório. Tem a maioria das vantagens da abordagem aberta, embora com algumas limitações devido às dificuldades técnicas da mobilização laparoscópica do fígado e da ecografia. A sua principal indicação é em lesões periféricas em que o risco de hemorragia é maior ou quando é necessária uma maior exploração da cavidade abdominal ou do parênquima hepático em doentes sem cirurgia prévia.

- **Cirurgia aberta**: As vantagens de uma abordagem cirúrgica da RFA são: estadiamento intra-abdominal ótimo (deteção de carcinomatose insuspeita e aumento da sensibilidade diagnóstica da ecografia intra-operatória), possibilidade de ressecção simultânea, realização da manobra de Pringle e melhor proteção dos órgãos adjacentes. É utilizada quando associada a uma cirurgia de ressecção hepática major ou quando é necessário libertar cirurgicamente o fígado de estruturas anatómicas intimamente ligadas a ele em doentes previamente operados.

Fig. 2: Ablação por radiofrequência guiada por ultrassom

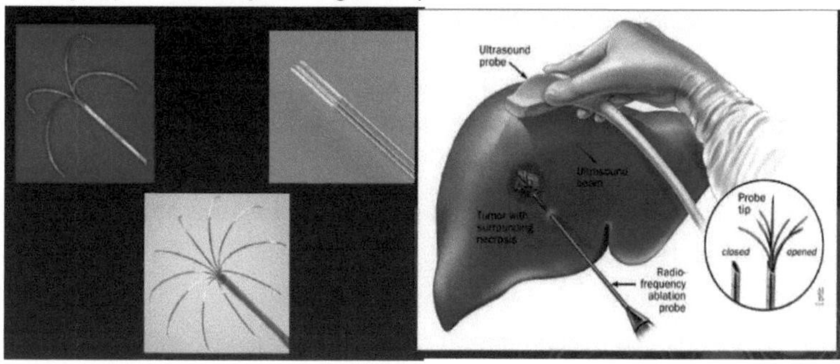

Foram descritas em pormenor algumas vantagens e desvantagens de cada abordagem, que se encontram resumidas no quadro 1 (8, 9).

**Quadro 1: Vantagens e desvantagens das vias de aproximação para a RFA**

| | Vantagens | Desvantagens |
|---|---|---|
| **Via percutânea** | Permite um tratamento ambulatório rápido e pouco dispendioso com relativa facilidade de acesso | Incapacidade de avaliar com exatidão a adequação da zona de lesão térmica |
| | | Falta de fiabilidade quando utilizado em determinados locais |
| | Utilização de anestesia local | A ecografia intra-operatória tem um pior estadiamento do tumor |
| **Estrada aberta** | Efetuar a manobra Manobra de Pringle | Técnica invasiva |
| | Combina RFA + ressecção hepática | >hospitalização por indice e recuperação |
| | | Necessidade de anestesia geral |
| | | Aumento dos custos |
| **limitações** | Melhor identificação das margens do tumor e dos nódulos satélites | Técnica difícil para tumores profundos e tumores nos segmentos VI, VII e VIII. |
| | Melhores resultados de coagulação completa | |

2. *As diretrizes de utilização* do RFA são as seguintes:

- O número de lesões não deve ser considerado uma contraindicação absoluta para a RFA, mas a maioria dos centros trata preferencialmente doentes com ≤5 lesões.

- As melhores taxas de ablação completa são alcançadas em lesões com um diâmetro máximo de ≤3 cm.

- A localização do tumor pode ser um problema no caso de:

• lesão da superfície do fígado devido a lesão térmica das estruturas adjacentes (embora este risco possa ser atenuado pela infusão percutânea pré-ablação de líquido de dextrose no espaço entre o fígado e o intestino adjacente, a parede abdominal ou o diafragma)

- lesões adjacentes ao hilo hepático (risco de lesão térmica do ducto biliar)
- lesões adjacentes a grandes vasos hepáticos (devido ao fenómeno de dissipação de calor)

# INDICAÇÕES E CONTRA-INDICAÇÕES DA RFA

1. *Indicações* (quadro 2)

a. É indicada uma RF aberta:

* quando existe uma intenção de cura
* em tumores localizados muito profundamente no parênquima hepático e inacessíveis por abordagem laparoscópica
* no doente com metástases síncronas, uma vez que pode ser combinada com a ressecção do tumor primário (10).

b. A radiofrequência percutânea está indicada:

* em pacientes com risco aumentado de RF por laparoscopia aberta
* quando realizada para fins paliativos, para melhorar o controlo local, para prevenir o crescimento ou para prolongar a vida
* em doentes com recidiva após RF ou com lesões progressivas (11);
* em doentes que recusam a ressecção hepática.

c. A RF laparoscópica está indicada quando existe intenção curativa. É um método menos invasivo, com uma estadia hospitalar mais curta, uma recuperação mais rápida do doente e menos dor pós-operatória do que a RF aberta. A ecografia intra-operatória laparoscópica permite um melhor estadiamento tumoral do que a ecografia percutânea, diagnosticando 30-38% das lesões hepáticas não observadas no pré-operatório, o que melhora os resultados da RF (12). A laparoscopia revela doença extra-hepática previamente não diagnosticada por imagiologia em 12% dos casos.

**Tabela 2: Indicações da RFA**

| RFA PERCUTÂNEA | CIRURGIA ABERTA RFA | RFA LAPAROSCÓPICA |
|---|---|---|
| Nos cuidados paliativos | Intenção de cura | Intenção de cura |
| Recaída após RF | Tumores intraparenquimatosos profundo | Metástases periféricas Metástases periféricas acessível |
| Rejeição da secção hepático | Metástases síncronas | |
| Aumento do risco de FR com cirurgia aberta | | |

2. *As limitações* gerais e **as contra-indicações** da RFA estão enumeradas na tabela 3. A RFA é uma terapêutica eficaz, segura e amplamente disponível (13). As principais limitações são:

- elevada frequência de recidiva local, principalmente em lesões com mais de 3 cm (14)
- possível ablação incompleta da lesão perto de grandes vasos (>3 mm de diâmetro). Neste contexto, são necessárias múltiplas colocações de sondas sobrepostas para alcançar zonas de ablação maiores, tornando o procedimento mais demorado e menos seguro para o paciente (14).

**Tabela 3: Limitações e contra-indicações da ablação por radiofrequência**

| Limitações | Contra-indicações |
|---|---|
| Tumores>3cmnoconsequênciasecrose tumor completo | Dilatação de condutas biliar intra-hepático |
| Acesso difícil aos tumores na proximidade imediata de estruturas vasculares | Coagulopatia intratável |
| Acesso difícil aos tumores em determinados segmentos | anastomoses bilioentéricas |
| As lesões subcapsulares podem fragmentar-se no peritoneu | |
| Danos na clavícula por ablação de . <br><br> segmento IVb e V | Tumores localizados a menos de 1 cm do ducto biliar <br> risco de estenose tardia do |
| O tratamento dos doentes com cirrose é mais complicado | ducto biliar principal. |
| Nódulos satélites e padrão de crescimento infiltrativo | |
| Variabilidade da condutividade eléctrica e térmica | |

## LOCAIS DE ALTO RISCO

1. Adjacente aos grandes vasos: < 5 mm de um ramo primário ou secundário da veia porta, da base das veias supra-hepáticas ou da VCI
2. Adjacente a órgãos extra-hepáticos: < 5 mm da córnea, pulmão, vesícula biliar, rim direito ou trato gastrointestinal

# COMPLICAÇÕES

As complicações são baixas e podem ser divididas em precoces e tardias (mais de 30 dias). Estão associadas ao número de sessões efectuadas e não ao tamanho do tumor ou ao tipo de equipamento utilizado. Mulier et al descreveram complicações com radiofrequência percutânea, laparoscópica ou por laparotomia de 7,2%, 9,5% e 9,9%, respetivamente. Os factores de risco identificados para as complicações incluem (15):

- Bilirrubina > 2,0 mmol / dL
- Cirrose
- Localização subcapsular ou central profunda do tumor,
- Tumores múltiplos que requerem aplicações múltiplas de RFA
- Presença de uma anastomose biliar-entérica
- Experiência do cirurgião de < 50 procedimentos.

Algumas complicações são específicas da RFA, pelo que também podem ser induzidas pela IRFA. Algumas complicações ocorrem mais frequentemente com a RFA percutânea do que com a abordagem cirúrgica aberta. As complicações mais frequentemente registadas são:

- Hemorragia (1,6%):
- Abscesso (1,1%): Surge após um período assintomático que varia de 8 dias a 5 meses. É comum a presença de pouca quantidade de gás na área necrótica durante o mês seguinte à RFA. A diabetes mellitus, a anastomose bilioentérica e uma história de esfincterotomia, colocação de stent biliar, estenoses biliares, etc., são factores de risco.
risco de abcesso hepático após procedimentos de ablação por RFA (16).
- Lesão ductal biliar (1%) e estenoses: As estenoses biliares ocorrem após a cicatrização fibrosa de danos térmicos no trato biliar. Muitas destas estenoses biliares são assintomáticas e não requerem tratamento. As estenoses biliares que ocorrem perto do trato biliar principal após a RFA são sintomáticas e podem ser tratadas com stent intra-hepático ou esfincterotomia endoscópica.(17)
- Semeadura maligna do trato de punção (0,9%): Recomenda-se a punção indireta através de uma área de fígado saudável e a coagulação do trato para reduzir o

risco de hemorragia e de implantação de tumores, especialmente no caso de lesões subcapsulares (18).

- perfuração gastrointestinal (0,3%),
- pneumotórax e/ou derrame pleural
- Colecistite aguda: A colecistite devida a lesão térmica é excecional e assintomática na maioria dos casos. O risco de perfuração da vesícula biliar está presente apenas quando grandes tumores estão adjacentes à vesícula biliar.
- Trombose vascular: causada por lesão endotelial térmica. A oclusão vascular aumenta o risco de trombose vascular, especialmente quando a distância é inferior a 5 mm. As tromboses portais são mais frequentes em doentes cirróticos e podem ser complicadas por insuficiência hepática. A trombose das veias com diâmetro inferior a 3 mm é comum após a IRFA, é assintomática e observa-se frequentemente uma regressão espontânea após 2 meses. A trombose vascular relacionada com a hipertermia só é observada em vasos com menos de 3 mm e são assintomáticos. Os vasos maiores são protegidos pelo efeito de arrefecimento contínuo do fluxo sanguíneo (19).
- As queimaduras de pele são raras desde a introdução de sistemas modernos que utilizam placas de ligação à terra com uma área de superfície muito maior. As queimaduras na pele ocorrem quando a superfície de dispersão é inadequada para a potência de RF.

# AVALIAÇÃO DO EFEITO TERAPÊUTICO.

O êxito da ARF depende de vários parâmetros:

- a capacidade de detetar e de orientar todas as lesões que necessitam de tratamento
- capacidade de monitorizar a gama em tempo real
- A eficácia do tratamento (ecografia, tomografia computadorizada ou ressonância magnética).

A recorrência local em tumores hepáticos com menos de 3 cm após o tratamento por radiofrequência por laparoscopia e/ou laparotomia é de 3,6%, em comparação com 16% para o tratamento percutâneo. Nos tumores com mais de 5 cm, o tratamento percutâneo atinge os 60% e o tratamento por laparotomia e/ou laparoscopia situa-se entre os 40-50%. Os dois factores que mais influenciam a recorrência do tumor pós-radiofrequência são:

- Tamanho do tumor: Os tumores com menos de 3 cm têm um melhor prognóstico.
- Tipo de abordagem de tratamento: a abordagem laparoscópica e/ou laparotómica tem um melhor prognóstico, permite um melhor controlo do tumor e o diagnóstico de lesões hepáticas ocultas previamente desconhecidas através de ecografia intra-operatória.

As taxas de recorrência local do tumor variaram entre 6% e 40% e estavam relacionadas com o tamanho, o número e a localização das lesões (21). A RFA tem uma mortalidade de 0 a 2% e a taxa de morbilidade mais frequentemente registada é de 6 a 9.

# BIBLIOGRAFIA


1. Curley SA, Izzo F, Delrio P, Ellis LM, Granchi J, Vallone P, et al. Ablation par radiofréquence des tumeurs malignes hépatiques primaires et métastatiques non résécables: résultats chez 123 patients. Ann Surg. 1999; 230:1-8.

2. Elias D, Goharin A, El OA, Taieb J, Duvillard P, Lasser P, et al. Utilidade da termoablação por radiofrequência intraoperatória de tumores hepáticos associados ou não a hepatectomia. Eur J Surg Oncol. 2000; 26
:763-76

3. Goldberg SN, Gazelle GS, Mueller PR. Thermal Ablation Therapy for Focal Malignancies: A Unified Approach to Underlying Principles, Techniques, and Imaging Guidance. AJR Am J Roentgenol 2000; 174:323-331.

4. Correia CL. Ablação por radiofrequência e micro-ondas do fígado, pulmão, rim e osso: quais são as diferenças? Curr Probl Diag Radiol 2009; 38:135-143.

5. Crocetti L, de Baere T, Lencioni R. Diretrizes de melhoria da qualidade para a ablação por radiofrequência de tumores hepáticos. Cardiovasc Intervent Radiol 2010; 33:11-17.

6. Shimizu A, Ishizaka H, Awata S et al. Aumento do volume da ablação por radiofrequência através da injeção de solução salina saturada de NaCl na zona de vaporização. Ata Radiol 2009; 50: 61-64.

7. Cirocchi R., Trastulli S., Boselli C., Montedori A., Cavaliere D., Parisi A., et al.: Ablação por radiofrequência no tratamento de metástases hepáticas de cancro colorrectal. Cochrane Database Syst Rev 2012; 6: CD006317.

8. Iwai S, Sakaguchi H, Fujii H, Kobayashi S, Morikawa H, Enomoto M, et al: Benefícios da efusão pleural induzida artificialmente e/ou ascite para a ablação percutânea por radiofrequência do carcinoma hepatocelular localizado na superfície do fígado e na cúpula hepática. Hepatogastroenterologia 2012; 59: 546-550.

9. Dodd G.D., Napier D., Schoolfield J.D. and Hubbard L.: Percutaneous radiofrequency ablation of hepatic tumors: postablation syndrome. AJR Am J Roentgenol 2005; 185: 51-57.

10. Machi F, Uchida S, Sumida K, Limm WM, Hundahl SA, Oishi AJ, et al. Ablação térmica por radiofrequência guiada por ultra-sons de tumores hepáticos percutâneos, laparoscópicos e abordagens cirúrgicas abertas. J Gastrointestinal Surg 2001; 5: 477-89.

11. Wood TF, Rose DM, Cheng M, Allegra DP, Foshag LJ, Bilchik AJ. Radiofrequency ablation of 231 unresectable hepatic tumors: Indications, limitations, and complications. Ann Surg Oncol 2000; 7: 593-600.

12. Smith MK, Mutter D, Forbes LE, Mulier S, Marescaux J. O efeito fisiológico do pneumoperitoneu na ablação por radiofrequência. Surg Endosc 2004; 18: 35-8.

13. Van Cutsem E, Cervantes A, Adam R et al. Orientações de consenso da ESMO para o tratamento de doentes com cancro colorrectal metastático. Ann Oncol 2016; 27:1386-13422.

14. Kim SK, Rhim H, Kim YS et al. Ablação térmica por radiofrequência de tumores hepáticos: armadilhas e desafios. Imagens do abdómen. 2005; 30:727- 733.

15. Zagoria RJ, Chen MY, Shen P, Levine EA. Complicações da ablação por radiofrequência de metástases hepáticas. I'm Surgery. 2002; 68: 204- 209.

16. Elias D, Di PD, Gachot B, Menegon P, Hakime A, De Baere T. Abscesso hepático após ablação de tumores por radiofrequência em pacientes com procedimento no trato biliar.Gastroenterol Clin Biol. 2006; 30:823-827.

17. Kim SH, Lim HK, Choi D, Lee WJ, Kim SH, Kim MJ, et al. Alterações das vias biliares após ablação por radiofrequência do carcinoma hepatocelular: frequência e significado clínico.    AJR Am J Roentgenol. 2004; 183:1611-1617.

18. Livraghi T, Lazzaroni S, Meloni F, Solbiati L: Risco de sementeira de tumores após ablação percutânea por radiofrequência para carcinoma hepatocelular. Br J Surg 2005; 92: 856-858.

19. Lu D.S., Raman S.S., Vodopich D.J., Wang M., Sayre J., Lassman C.: Effect of vessel size on creation of hepatic radiofrequency lesions in pigs: assessment of the "heat sink" effect. AJR Am J Roentgenol 2002; 178: 47-51.

20. Leyendecker J.R., Dodd G.D., Halff G.A., McCoy V.A., Napier D.H., Hubbard L.G., et al.: Sonographically observed echogenic response during intraoperative radiofrequency ablation of cirrhotic livers: pathologic correlation. AJR Am J Roentgenol 2002; 178: 1147-1151.

21. Wong SL, Mangu PB, Choti MA. American Society of Clinical Oncology 2009 review of clinical evidence on radiofrequency ablation of liver metastases from colorectal cancer. J Clin Oncol. 2010; 28:493-508.

# INTRODUÇÃO E TÉCNICA

A ablação por micro-ondas é uma técnica ablativa pós-radiofrequência (1). A técnica baseia-se na utilização de ondas electromagnéticas. O campo eletromagnético gera uma destruição homogénea do calor, provocando a necrose por coagulação do tecido tumoral (2).

A técnica inicial, que consistia em uma antena geradora de micro-ondas, foi aprimorada de 2007 até os dias atuais, de modo que existem aparelhos com aplicadores mais longos e múltiplas antenas, além de um sistema de resfriamento para essas antenas. Entre as melhorias da última geração de MWA estão a redução do tempo de ablação e a geração de um campo intenso, quase esférico, que melhora a extensão da coagulação dos tecidos (Fig. 1).

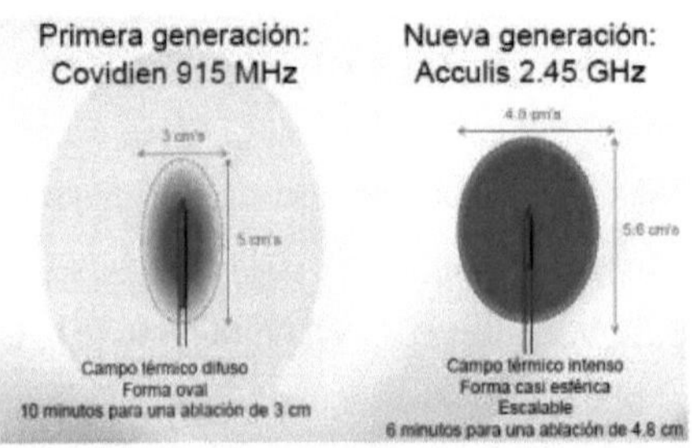


Fig. 1: Melhorias na ablação dos modelos mais recentes

O objetivo da ablação térmica é aquecer os tecidos-alvo a temperaturas que possam induzir necrose coagulativa imediata (normalmente superior a 60 °C). Um tratamento completo deve cobrir o tumor mais uma margem de segurança de 5-10 mm (análoga a uma margem cirúrgica) sem afetar o parênquima saudável e as estruturas vulneráveis não-alvo (3, 4, 5). Na ablação por ondas magnéticas, o mecanismo de geração de calor baseia-se no movimento de fricção rápido das moléculas de água no campo eletromagnético de alta frequência. As micro-ondas são capazes de aquecer e propagar-se eficazmente através de muitos tipos de tecidos, mesmo aqueles com baixa condutividade eléctrica, alta impedância ou baixa condutividade térmica. Existem atualmente três gerações de dispositivos disponíveis no mercado que consistem em 1) um gerador de ondas electromagnéticas programável, 2) um aplicador ou aplicadores descartáveis para libertação direta de energia no corpo do doente, 3) um aplicador intersticial para utilização por via percutânea ou intra-operatória, 4) um aplicador flexível (utilização intracavitária) e 5) uma bomba peristáltica para circulação forçada de fluido no interior do aplicador em utilização para fins de arrefecimento; a terceira geração inclui sistemas de arrefecimento de antenas incorporados e geradores de alta potência (6,7). (Fig.2)

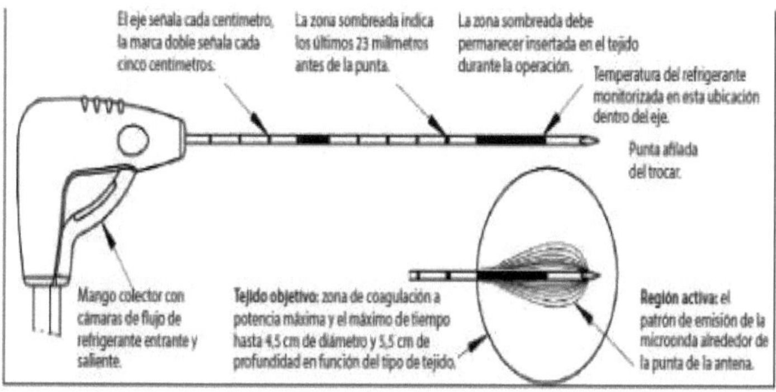


Fig. 2: Dispositivo aplicador com sistema de arrefecimento

A radiação de micro-ondas é gerada por ondas electromagnéticas a uma determinada frequência, de 900 a 2450 MHz. Este procedimento permite a contração do tumor e/ou a sua ablação completa (8). Entre as melhorias da última geração de AMO contam-se a redução do tempo de ablação e a geração de um campo intenso, quase esférico, que melhora a extensão da coagulação dos tecidos. Existem diferentes formas de efetuar a MWA (percutânea, laparoscópica ou cirurgia aberta). A abordagem percutânea oferece várias vantagens (3,9), é a menos invasiva, relativamente dispendiosa, pode ser efectuada em regime de ambulatório e pode ser repetida para tratar tumores recorrentes. Todos os doentes devem ser submetidos a ecografia (US), que é a mais útil, ecografia com contraste (CEUS) e tomografia computorizada (CT) com contraste ou ressonância magnética (MRI) com gadolínio para delinear o tumor alvo antes da MWA (10).
Para destruir possíveis micrometástases ou focos microscópicos à volta do tumor e

para evitar a progressão local do tumor, tem sido recomendada a ablação com uma margem de 5-10 mm à volta do tumor (11). Em muitos casos, podem ser necessárias várias ablações sobrepostas para criar o tamanho de zona de ablação necessário. As ablações sobrepostas podem ser criadas de 2 formas: a) múltiplas inserções de uma única antena para criar zonas de ablação sobrepostas sequenciais ou b) múltiplas antenas que são ablacionadas simultaneamente para criar uma zona de ablação confluente.

# INDICAÇÕES E CONTRA-INDICAÇÕES

**1. *Indicações:*** As diretrizes clínicas sobre a ablação por micro-ondas de tumores hepáticos recomendam a sua utilização tanto para fins curativos como paliativos. As indicações para o tratamento curativo coincidem com œcritérios de Milão (12). A indicação para a AMO refere-se a doentes com estas caraterísticas que tenham contraindicado a cirurgia, que é indicada nesta situação pelas Diretrizes Europeias (EASL-Associação Europeia para o Estudo do Fígado) (13). As indicações actuais para a ablação tumoral estendem-se também ao colangiocarcinoma intra-hepático (14) (Tabela 1).

**Tabela 1: Indicações para o tratamento de ablação por micro-ondas**

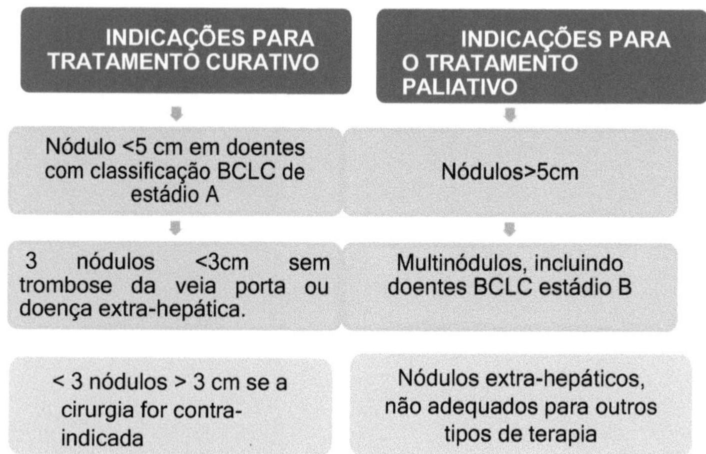


**2. *As contra-indicações*** incluem a sua utilização em doentes com pacemakers ou outros implantes electrónicos, o que pode ser devido às altas temperaturas atingidas durante as ablações (acima de 100ºC) e transmitidas às áreas adjacentes (Fig.3).

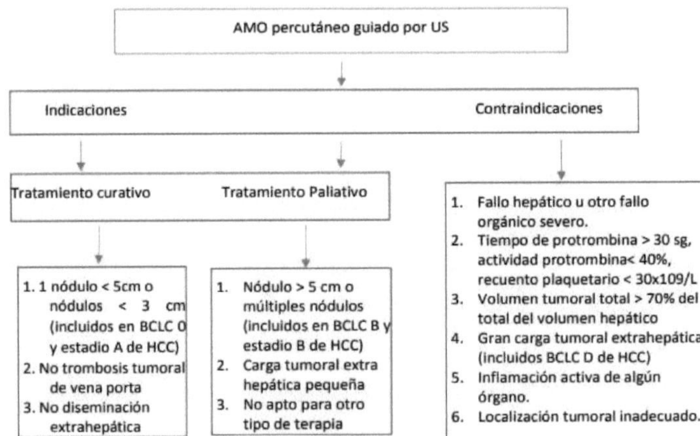


**Fig. 3**: Indicações e contra-indicações da AMO

# COMPLICAÇÕES

A ablação por micro-ondas resulta em complicações maiores e menores, conforme descrito na tabela 1.

**Tabela 1: Complicações do tratamento de ablação por micro-ondas**

| Complicações graves | Complicações menores |
| --- | --- |
| Hemorragia intraperitoneal | **Imediato:** |
| Trombose da veia porta | Dor |
| Hematoma intra-hepático | Síndrome pós-ablação |
| Fuga biliar | Queimadura da pele |
| Bilioma | |
| Lesão das vias biliares / estenose biliar | **Procedimento Peri:** |
| Disfunção hepática | Febre |
| Abcesso hepático | Derrame pleural assintomático |
| Perfuração intestinal | Adelgaçamento da parede vesicular |
| Hérnia diafragmática | Shunt arterio-portal assintomático |
| Hemotórax / Derrame pleural refratário | |
| Semeadura de tumores | **Tarde:** |
| Queimaduras | Contração das vias biliares |
| Empiema | |

Nos últimos anos, a ablação por radiofrequência e a ablação por micro-ondas têm sido comparadas em todos os aspectos (15,16). A Tabela 2 mostra as semelhanças e diferenças entre cada técnica.

**Tabela 2:** comparação dos métodos de ablação por radiofrequência e por micro-ondas

| ARF | AMO |
|---|---|
| • Corrente eléctrica<br>• Necessária almofada de ligação à terra (risco de queimaduras)<br>• A carbonização e a ebulição dos tecidos aumentam a impedância e reduzem a energia eléctrica e a condutividade. aumentam a impedância e reduzem a energia eléctrica e a condutividade.<br>• Temperatura intratumoral mais baixa<br>• Mais dores após o procedimento<br>• Zona de ablação não previsível<br>• Efeito de afundamento<br>• Tratamento de nódulos solitários e lesões múltiplas<br>• Duração mais longa das sessões<br>• Menor volume de ablação<br>• Taxa de complicações semelhante<br>• Contraindicado clipes metálicos e pacemakers | • Energia electromagnética<br>• Não é necessária almofada de ligação à terra (risco de queimaduras devido à temperatura elevada).<br>• Aquecimento rápido e homogéneo dos tecidos<br>• Polarização iónica<br>• Temperatura intratumoral elevada<br>• Redução da dor pós-procedimento<br>• Zona de ablação previsível<br>• Redução da suscetibilidade ao efeito de sumidouro<br>• Tratamentos simultâneos de lesões múltiplas<br>• Duração mais curta das sessões<br>• Aumento do volume de ablação<br>• Inicialmente, os clips cirúrgicos não estariam contra-indicados, mas os doentes com pacemakers e pacemakers estão contra-indicados.<br>implantes eléctricos. |

# BIBLIOGRAFIA


1. K T. Um novo procedimento operatório para cirurgia hepática utilizando um coagulador de tecidos por micro-ondas. Nippon Geka Hokan. 1979; 48:160-72.

2. AR G. Ablação de tumores guiada por imagem. Cancer Imaging. 2005; 5:103-9.

3. Vogl TJ, Nour-Eldin NA, Hammerstingl RM, Panahi B, Naguib NNN. Ablação por micro-ondas (MWA): Fundamentos, técnica e resultados em neoplasias hepáticas primárias e metastáticas. Rofo 2017; 189:1055-1066.

4. Meloni MF, Chiang J, Laeseke PF, et al. Ablação por micro-ondas em tumores hepáticos primários e secundários: abordagens técnicas e clínicas. Int J Hyperthermia 2017; 33:15-24.

5. Seror O. Ablative therapies: Advantages and disadvantages of radiofrequency, cryotherapy, microwave and electroporation methods, or how to choose the right method for an individual patient? Diagn Interv Imaging 2015; 96:617-624.

6. Lubner MG, Brace CL, JL H, [et al]. Ablação de Tumores por Micro-ondas: Mecanismo de Ação, Resultados Clínicos e Dispositivos. J Vasc Interv Radiol. 2010; 21: S192-S203.

7. Imajo K, Ogawa Y, Yoneda M, Saito S, Nakajima A. Uma revisão dos sistemas de ablação por micro-ondas convencionais e de nova geração para o carcinoma hepatocelular. J Med Ultrason 2020; 47:265-277.

8. Poulou LS, Botsa E, Thanou I, Ziakas PD, Thanos L. Ablação percutânea por micro-ondas vs ablação por radiofrequência no tratamento do carcinoma hepatocelular. World J Hepatol. 2015; 7(8):1054-63.

9. Baker EH, Thompson K, McKillop IH, et al. Ablação operatória por micro-ondas para carcinoma hepatocelular: uma revisão retrospetiva de um único centro de 219 pacientes. J Gastrointest Oncol 2017; 8: 337-346.

10. Kurumi Y, Tani T, Naka S, et al. Ablação por micro-ondas guiada por RM para tumores malignos. Int J Clin Oncol 2007; 12:85-93.

11. Patel PA, Ingram L, Wilson ID, Breen DJ. Técnica de ablação por cunha sem contacto de ablação por micro-ondas para o tratamento de tumores subcapsulares no fígado. J Vasc Interv Radiol 2013; 24:1257-1262.

12. Starr MKZ, Milão. Multiple criteria decision making, Amesterdão, Holanda do Norte, 1977.

13. Associação Europeia para o Estudo do L, Organização Europeia para a R,

Tratamento de C. Diretrizes de prática clínica EASL-EORTC: gestão do carcinoma hepatocelular. J Hepatol. 2012; 56(4):908- 43.

14. Zhang K, Yu J, Yu X, et al. Resultados clínicos e de sobrevivência da ablação percutânea por micro-ondas para colangiocarcinoma intra-hepático. Int J Hyperthermia 2018; 34:292-297.

15. Seror O. Ablative therapies: Advantages and disadvantages of radiofrequency, cryotherapy, microwave and electroporation methods, or how to choose the right method for an individual patient? Diagnostic and Interventional Imaging. 2015; 96 (6):617-24.

16. Yu J, Liang P, Yu X, Liu F, Chen L, Y W. A comparison of microwave ablation and bipolar radiofrequency ablation both with an internally cooled probe: results in ex vivo and in vivo porcine livers. Eur J Radiol. 2011; 79:124-30.

# Capítulo 4: Ablação por electroporação irreversível

# INTRODUÇÃO

A EMI é uma tecnologia de ablação mais recente em comparação com a RFA ou a MWA; ao contrário de ambas, não é térmica. Ao administrar impulsos eléctricos diretos de alta tensão e baixa energia às células tumorais, a IRE desencadeia a apoptose e conduz a uma morte celular controlada.

O termo electroporação é um fenómeno conhecido há várias décadas e refere-se ao aumento da permeabilidade da membrana celular por meio de campos eléctricos de elevada magnitude. Estes campos são capazes de alterar o potencial de repouso da membrana celular de tal forma que a estrutura da bicamada lipídica se desequilibra, dando origem a poros. Quando os impulsos são de baixa magnitude, o processo é reversível, uma vez que a célula é capaz de reparar estes defeitos e pode continuar a viver; no entanto, com campos eléctricos elevados, a célula não consegue reparar os defeitos e isto leva à morte celular (1).

Os avanços tecnológicos das últimas décadas e o rápido desenvolvimento de diferentes técnicas de ablação guiadas por imagem alargaram consideravelmente as possibilidades terapêuticas para metástases hepáticas incuráveis cirurgicamente. Para as metástases que não são passíveis de ressecção ou de ablação térmica por radiofrequência ou micro-ondas devido à sua proximidade de vasos sanguíneos ou vias biliares, a electroporação irreversível (IRE) é cada vez mais utilizada (2).

# TÉCNICA E MECANISMO DE ACÇÃO

1. *Técnica*: A electroporação irreversível é um procedimento percutâneo ou, menos frequentemente, laparoscópico que requer anestesia geral e agentes bloqueadores neuromusculares; o doente é colocado em posição supina ou em decúbito lateral esquerdo. O importante é evitar as contracções musculares involuntárias que podem resultar acidentalmente daestimulação eléctrica dos neurónios motores induzida pelo procedimento. As medidas exactas da lesão alvo são avaliadas por US ou TC, o que determina o número e a configuração dos eléctrodos (Fig. 1). Atualmente, são utilizados principalmente dois a seis eléctrodos de agulha paralelos (0-1 mm). Na EIR hepática, o comprimento dos eléctrodos é fixado em 20 mm (FIG. 2). São administrados sequencialmente 50 a 100 impulsos eléctricos. Para mitigar o risco de arritmia, a EIR é sincronizada com o ECG com o período refratário absoluto das células do miocárdio (3); o pulso elétrico deve ser administrado exatamente 50µs após a onda R para coincidir com o período refratário absoluto do miocárdio no ciclo cardíaco, e os doentes precisam de estar sob anestesia geral e sob relaxantes de placas musculares, como o rocurónio, para evitar contracções musculares que desencadeiem os pulsos. A EIR produz um forte campo elétrico para desativar permanentemente a homeostase das células-alvo e induzir a morte celular; é obrigatório um campo elétrico de 1000-1500 V/cm (4).

*Fig. 1*: Definição da profundidade, comprimento e largura da área de tratamento em relação à aplicação do elétrodo.

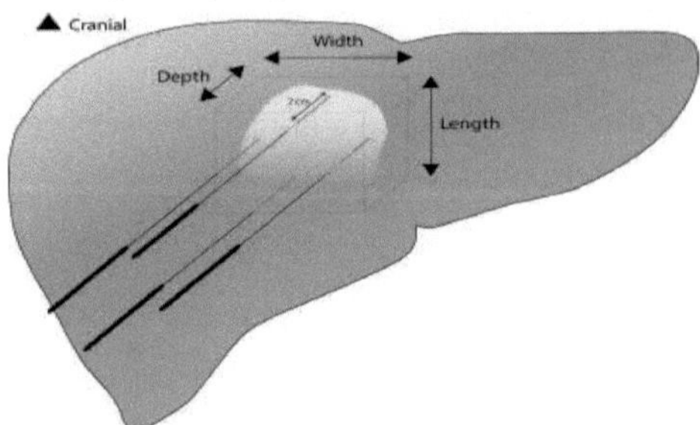

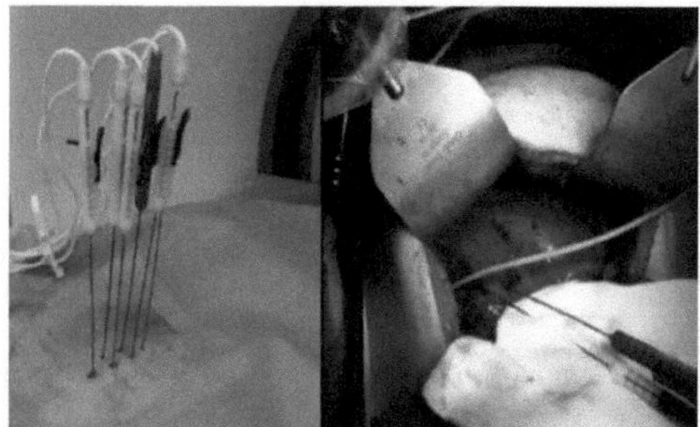

*Fig. 2:* Ressonância magnética guiada por TC (esquerda) e aberta (direita)

Os eléctrodos são colocados paralelamente uns aos outros (angulação máxima de 10°) para promover um fornecimento homogéneo de energia. A zona de ablação deve cobrir completamente o tumor e uma margem livre de tumor de pelo menos 5 mm em todas as direcções (5). Uma vez que a zona de ablação calculada se estende pelo menos 5 mm para fora dos eléctrodos, estes devem ser colocados no bordo exterior ou imediatamente adjacentes ao tumor (6) (Fig. 3).

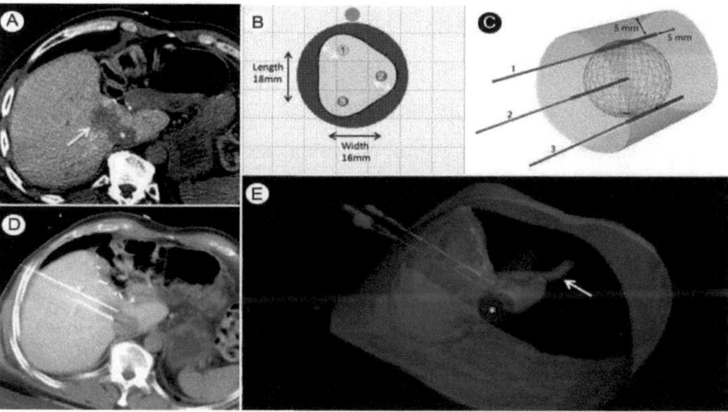

*Fig. 3:* (A) A TC pré-IRE mostra uma lesão hipoatenuante central (seta). O asterisco representa a veia cava inferior. (B) Planeamento da configuração dos eléctrodos, com o círculo amarelo a representar o tumor, as setas brancas representam a margem livre de tumor esperada. (C) Zona de ablação calculada que se estende 5 mm para fora de cada elétrodo em todas as direcções. (D) Fluoroscopia por TC com 2 dos 3 eléctrodos colocados na periferia do tumor. (E) Reconstrução tridimensional dos eléctrodos colocados na periferia do tumor e a proximidade do tumor à veia cava inferior (asterisco) e ao ducto biliar comum (seta).

2. **Mecanismo de ação:** O sistema IRE é fabricado sob a forma de agulhas em aplicação monopolar ou bipolar e dá pelo nome de NanoKnife® (Angiodinamics, NY, EUA) (Fig. 4).

O mecanismo de morte pode variar de apoptose a necrose de coagulação, mas geralmente não é um mecanismo dependente da elevação da temperatura do tecido. Esta última variedade, conhecida como electroporação irreversível (IRE), é particularmente útil devido ao aparecimento de geradores mais potentes (7).

O mecanismo de funcionamento da EIR baseia-se na energia eléctrica; os impulsos eléctricos de alta tensão provocam uma rutura irreversível da membrana celular, levando à morte da célula, enquanto o tecido conjuntivo subjacente permanece intacto (8). Embora o desenvolvimento de calor seja um efeito secundário inevitável dos impulsos eléctricos, não é

Pensa-se que este aumento de temperatura é prejudicial para o tecido conjuntivo circundante. Por conseguinte, a incrustação de estruturas vulneráveis, como os canais biliares e os vasos sanguíneos, continua a ser visível (9).

O mecanismo de ação consiste em induzir poros na membrana celular que conduzem à apoptose celular; demonstrou a sua capacidade de destruir tecidos sem os efeitos indesejáveis da ablação térmica, como o "efeito dissipador de calor" que ocorre naproximidade dos vasos sanguíneos. Também mantém a integridade da matriz extracelular, pelo que estruturas como os vasos sanguíneos e os canais biliares não são afectadas pela electroporação irreversível (Fig. 6). Nos últimos anos, tem sido cada vez mais utilizada na ablação do fígado.

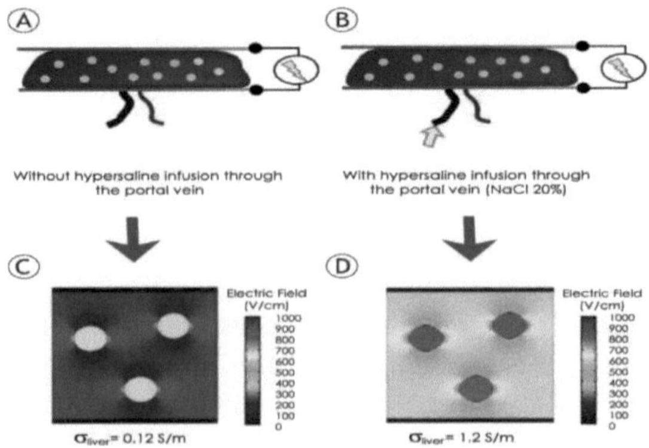


*Fig. 4:* Diagrama esquemático do mecanismo de ação da electroporação.

Appelbaum et al. demonstram que a aplicação de 4 eléctrodos em paralelo permite obter um maior volume de ablação com melhores resultados oncológicos, uma vez que desta forma o protocolo pode ser personalizado para cada doente (Fig. 5). Na prática clínica, é habitualmente utilizado um campo elétrico que varia entre 1.000-1.500V/cm.

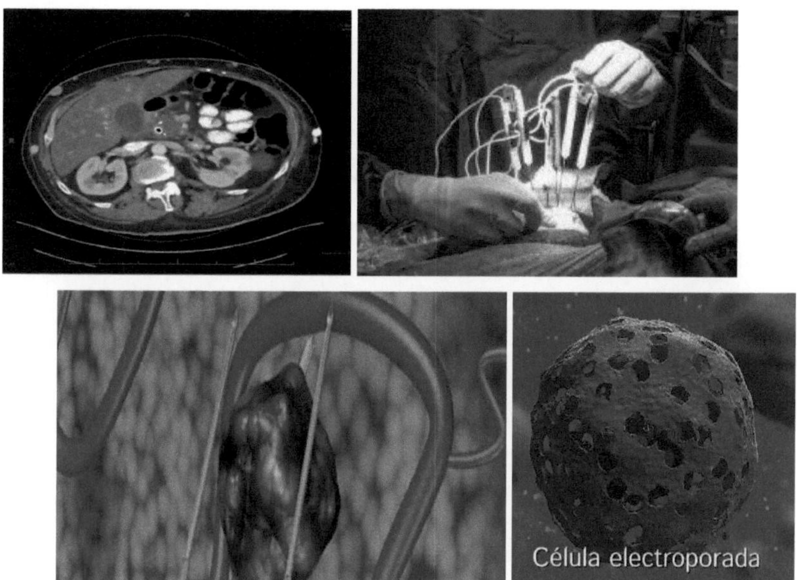


*Fig. 5: Imagem de TAC, técnica e resultado da electroporação*

[3]Não existe um limite estabelecido para o tamanho da lesão a tratar, mas estão descritos melhores resultados oncológicos em lesões inferiores a 3cm e quando o volume tumoral ultrapassa os 5cm está descrito um maior risco de recidiva local. A eficácia e exequibilidade da EIR na ablação perivascular é uma das suas grandes vantagens, havendo relatos de ablações com uma proximidade média a grandes vasos sanguíneos de <0,5cm, sem se observar trombose ou estenose no follow-up (10,11).

# VANTAGENS E INCONVENIENTES DA TÉCNICA IRE.

Trata-se de uma tecnologia em crescimento que poderá ter um futuro esplêndido nos próximos anos devido ao desenvolvimento, entre outras medidas, de novos e mais potentes geradores que se encontram atualmente em fase de conceção. (12) As possíveis vantagens e desvantagens da electroporação irreversível são apresentadas no quadro 1 (13).

## Quadro 1: Vantagens e desvantagens da técnica IRE

**Ventajas:**

- Naturaleza no térmica, lo que permite la ablación en estructuras vitales o cerca de ellas.
- Eliminación de los efectos del calor y el frío.
- Obtención de imágenes (TC o ecografía) en tiempo real durante el procedimiento de la zona sometida a ablación.
- Zona de ablación identificable debido a la precisión en la localización tumoral.
- Posibilidad de realizar la ablación de múltiples lesiones o múltiples ablaciones de una sola lesión en una única sesión.
- Dolor escaso o inexistente después del tratamiento debido a la escasa inflamación que se produce en el procedimiento.
- Resolución rápida de la lesión, debido a la cicatrización que se produce, con células que delimitan y eliminan las dañadas.
- Menos eventos adversos con preservación del tejido.

**Desventajas:**

- Generación de pulsos eléctricos con posibilidad de estimular la contracción muscular o inducir arritmias cardíacas.
- Riesgos asociados a la anestesia general y a la parálisis muscular.
- Recursos, tiempo y costes requeridos para la anestesia general.
- Elevada velocidad del procedimiento, lo que impide posibles ajustes del tratamiento durante el procedimiento; el pulso es generado y aplicado instantáneamente.
- Necesidad de elevada precisión en la colocación de los electrodos.
- Riesgo de sangrado, a causa de la no posibilidad de coagulación en la zona próxima a la inserción de los electrodos.

O volume tumoral e a doença tumoral subjacente foram significativamente associados à recorrência local de acordo com Niessen, no entanto a ablação por IRE de lesões hepáticas perivasculares não está associada à recorrência local precoce após a IRE (14).

# INDICAÇÕES E CONTRA-INDICAÇÕES

Atualmente, a electroporação irreversível só é indicada para tumores que não são adequados para a ressecção cirúrgica e a ablação térmica. Frequentemente, isto aplica-se a tumores hepáticos localizados centralmente. A electroporação irreversível pode ser administrada mais do que uma vez e pode ser utilizada para tratar tanto a doença residual como novas lesões; como técnica não térmica, pode ser realizada por via aberta ou percutânea (com a ajuda de ultra-sons ou TAC). As indicações e contra-indicações estão descritas na tabela 2.

## Tabela 2: Indicações e contra-indicações da técnica de ERM

| Indicações IRE | Contra-indicações IRE |
| --- | --- |
| Tumores não adequados para ressecção cirúrgica ou ablação térmica | Doentes com implantes cardíacos, pacemakers ou desfibrilhadores |
| Tumores localizados centralmente | Em lesões próximas de dispositivos electrónicos implantados |
| Tratamento da doença residual e de novas lesões | Em lesões próximas de dispositivos implantados com peças metálicas |
| Tratamento de lesões com 3-4 cm de comprimento | Doentes com epilepsia, arritmias cardíacas ou enfarte do miocárdio recente ou doentes com coagulopatia |
| Pode ser efectuado por via percutânea ou por via aberta (eco-TC). | **Anestesia geral ou bloqueio neuromuscular impossível** |

**COMPLICAÇÕES.**

A ablação por IRE tem uma série de efeitos secundários e complicações, como se mostra na tabela 3. e complicações, que são apresentados na Tabela 3.

*Tabela 3: Complicações da ablação por IRE*

| Complicações gerais | Complicações locais |
| --- | --- |
| Arritmias cardíacas | Pneumotórax (3,9%) |
| Aumento transitório da PA | Derrame pleural |
| Hipercalemia | Hematoma no local de ação (12%) |
| Acidose metabólica | Dor por hiperestimulação muscular |

# BIBLIOGRAFIA


1. Miller L, Leor J, Rubinsky B. Ablação de células cancerosas com electroporação irreversível. Technol Cancer Res Treat. 2005; 4: 699-705.

2. Scheffer H.J, Nielsen K, et al. Electroporação irreversível para ablação não térmica de tumores no contexto clínico: Uma revisão sistemática da segurança e eficácia. J Vasc Interv Radiol.2014; 25: 997-1011.

3. Deodhar A, Dickfeld T, Single GW, Hamilton WC, Jr, Thornton RH, Sofocleous CT, et al.Irreversible electroporation near the heart: Ventricular arrhythmias can be prevented with ECG synchronization. *AJR Am J Roentgenol.* 2011; 196:330-5.

4. Jiang C, Davalos RV, Bischof JC. Uma revisão dos estudos básicos e clínicos da terapia de eletroporação irreversível. *IEEE Trans BioMed Eng.* 2015; 62:4-20.

5. Knavel E.M., Brace C.L.: Ablação de tumores: modalidades comuns e práticas gerais. Tech Vasc Interv Radiol 2013; 16: 192-200.

6. Scheffer H.J., Nielsen K., van Tilborga J.M., et al.: Ablação de metástases hepáticas colorrectais por electroporação irreversível: Resultados do estudo COLDFIRE-I ablate-and-resect. Eur Radiol 2014; 24: 2467-2475.

7. Niessen C, Beyer L.P., Pregler B, Dollinger M, Trabold B, Schlitt H.J, et al. Percutaneous ablation of hepatic tumors using irreversible electroporation: A prospective safety and midterm efficacy study in 34 patients. J Vasc Interv Radiol. 2016; 27: 480-486

8. Lee E.W., Thai S., Kee S.T.: Electroporação irreversível: uma nova terapia do cancro guiada por imagens. Gut Liver 2010; 4: S99-S104.

9. Golberg A, Bruinsma B.G, Uygun B.E, Yarmush M.L. A heterogeneidade do tecido em termos de estrutura e condutividade contribui para a sobrevivência das células durante a ablação por electroporação irreversível por "sumidouros de campo elétrico". Sci Rep, 2015; 5: 8485.

10. Chen X, Ren Z, Zhu T, Zhang X, Peng Z, Xie H, et al. Ablação eléctrica com electroporação irreversível (IRE) em estruturas hepáticas vitais e investigação de acompanhamento. Sci Rep, 2015; 9: 16233.

11. M. Dollinger, R. Müller-Wille, F. Zeman, M. Haimerl, C. Niessen, L.P. Beyer, et al. Irreversible electroporation of malignant hepatic tumors - Alterations in venous structures at subacute follow-up and evolution at mid-term follow-up. PLoS One. 2015; 10: e0135773

12. Sánchez-Velázquez P, Q. Castellví, A. Villanueva, R. Quesada, C. Pañella, M. Cáceres, et al. Electroporação irreversível do fígado: Existe um limite seguro para o volume de ablação? Sci Rep. 2016; 6: 23781

13. Instituto ECRI. Electroporação irreversível (Sistema NanoKnife) para o tratamento de tumores primários sólidos malignos e metástases para o fígado. Relatório de Evidências de Tecnologias Emergentes. Plymouth Meeting, PA: Instituto Ecri; 2013.

14. Niessen C, Igl J, Pregler B, Beyer L, Noeva E, Dollinger M, et al. Factores associados à recorrência local a curto prazo do cancro do fígado após ablação percutânea utilizando electroporação irreversível: Um estudo prospetivo de um único centro. J Vasc Interv Radiol.2015; 26: 694-702.

15. Kambakamba P, Bonvini J.M, M. Glenck M, Castrezana López L, Pfammatter T, Clavien P.A, et al. Eventos adversos intraoperatórios durante a electroporação irreversível - Um apelo à cautela. Am J Surg. 2016; 212: 715-721.

# Capítulo 5: Ablação por crioterapia

# INTRODUÇÃO

A crioterapia é um dos métodos de ablação utilizados para destruir as metástases hepáticas (1). Este método requer a colocação de uma sonda especial perto do local do cancro. A sonda é utilizada para administrar frio extremo ao local, que é produzido por azoto líquido ou gás árgon. A colocação da sonda pode ser guiada por ultra-sons ou por tomografia computorizada. O processo de congelação rápida destrói as células cancerígenas e faz diminuir o cancro. No entanto, não é claro se este tratamento prolonga a vida ou aumenta a qualidade de vida dos doentes. Foi descrito pela primeira vez em 1963, mas passou a ser utilizado com mais frequência após o desenvolvimento da ecografia, que permite um melhor controlo do efeito da terapia.

Foi um dos primeiros métodos ablativos utilizados no hepatocarcinoma e também nas metástases hepáticas, mas o maior diâmetro das sondas (que normalmente requerem laparotomia para a sua aplicação) e o número e gravidade das complicações que ocorreram com este método fizeram com que caísse em desuso.

# TÉCNICA E MECANISMO DE ACÇÃO

Consiste na destruição de tecidos através da aplicação de temperaturas muito baixas (-20º a -50º) levando ao congelamento / necrose.

O fenómeno de congelação provoca a formação de cristais de gelo (intra e extracelulares).

- Os cristais intracelulares conduzem à morte celular por lesão das membranas celulares, das estruturas no interior da célula, ou de ambas, quando o arrefecimento ocorre rapidamente ou a temperaturas muito baixas.

- Os cristais extracelulares ocorrem quando o arrefecimento é lento e provoca a morte da célula devido a alterações nos gradientes osmóticos.

– Um outro mecanismo de queimadura pelo frio é a produção de isquémia local devido à trombose de pequenos vasos.

A técnica envolve a utilização de sondas através das quais circula azoto líquido a temperaturas inferiores a -196ºC. A crioterapia baseia-se na formação de cristais intracelulares a temperaturas de -35ºC, que induzem a necrose celular e o seu efeito é intensificado por ciclos de congelação-descongelação (Fig. 1).

Mecanismo de ação: Durante a congelação, formam-se cristais de gelo (intra e extracelulares). Os cristais intracelulares conduzem à morte celular por lesão das membranas celulares, das estruturas no interior da célula ou de ambas. A formação destes cristais celulares só ocorre quando o arrefecimento é rápido ou a temperaturas muito baixas; o fenómeno é adjacente à agulha. A formação de gelo extracelular ocorre quando o arrefecimento é lento, causando a morte celular por alterações nos gradientes osmóticos. Inicialmente, o arrefecimento desidrata as células e, à medida que o tecido aquece, edemacia e rebenta. Por fim, a congelação produz isquémia local por trombose de pequenos vasos. A temperatura que deve ser atingida para conseguir a necrose é de -20º a -50º. O fenómeno do "radiador" impede que os grandes vasos congelem; as paredes dos vasos também não são danificadas (2).

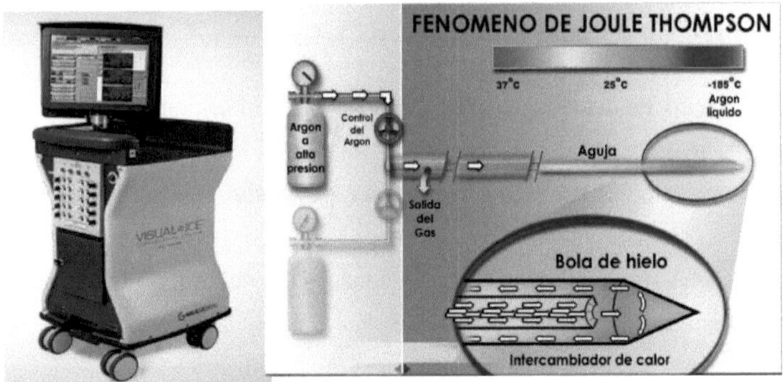


*Fig. 1: Técnica de crioablação*

Não existe consenso quanto ao número de lesões a tratar, embora se recomende a realização de 4 a 6 lesões. O tamanho das lesões não deve exceder os 5 cm. A abordagem percutânea é a mais favorável com os melhores resultados (Fig. 2).

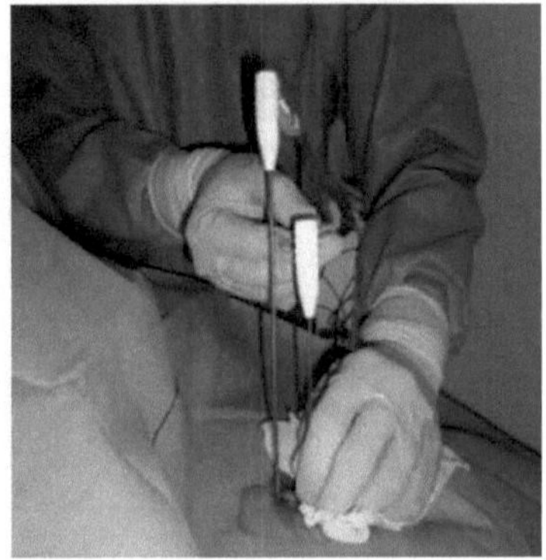

*Fig. 2: Colocação percutânea de criossondas*

54

# INDICAÇÕES E CONTRA-INDICAÇÕES

*1. Indicações:*

- A crioterapia pode ser indicada quando as metástases estão limitadas ao fígado.

-   Em doentes com lesões aparentemente ressecáveis, mas com comorbilidades cardíacas ou pulmonares extensas e reserva hepática limitada

- Em lesões anatomicamente irressecáveis.

- lesões bilobulares e lesões na proximidade de vasos sanguíneos importantes ou de canais biliares

*2. Contra-indicações:*

- Não foram definidas contra-indicações absolutas para a crioterapia.

-   Consideramos que é   adequado        para um doente com lesões anatomicamente ressecáveis      com pouca ou nenhuma comorbilidade.

    lesões anatomicamente ressecáveis com pouca ou nenhuma comorbilidade.

- Também não está indicado em doentes com metástases extra-hepáticas.

- Relativamente contraindicado quando o número de lesões é superior a 6.

# COMPLICAÇÕES

As complicações da crioterapia podem ser ligeiras ou graves (3,4), como se pode ver na tabela 1.

**Tabela 1: Complicações da crioablação hepática**

| Complicações menores | Complicações graves |
| --- | --- |
| Derrame pleural | Trombocitopenia |
| Hemorragia | Coagulação intravascular disseminada |
| Mioglobinúria com necrose tubular aguda. | Insuficiência renal |
| Hemoperitoneu | Craking (rutura do fígado por congelação) |
| Biliperitoneu | Criochoque que conduz a MOF e coagulopatia. |
| Abcessos hepáticos | |
| Fístulas biliares e estenoses | |
| Testes de função hepática elevados  testes de função hepática | |

## AVALIAÇÃO DA RESPOSTA

Recomenda-se a monitorização dos doentes a cada 3-6 meses por TAC, as lesões são melhor avaliadas durante a fase arterial, onde se observa uma imagem hipodensa após a crioterapia (5) e, mais tarde, no seguimento, uma auréola hiperdensa na área de crioablação (6), com ultra-sons é vista com sombra acústica.

A morbilidade da crioterapia situa-se entre 15-20%, com uma mortalidade de até 4%. A sobrevivência é de até 27-30 meses (7).

# VANTAGENS E DESVANTAGENS DA CRIOABLAÇÃO

As vantagens e desvantagens (8, 9.10) são descritas no quadro 2.

**Tabela 2: Prós e contras da crioablação**

| VANTAGENS DA CRIOABLAÇÃO | DESVANTAGENS DA CRIOABLAÇÃO |
|---|---|
| Tempo de recuperação mais curto | Custo elevado |
| Tem um efeito anestésico. Geralmente requer pouca anestesia | Indicações limitadas |
| Respeita as estruturas vasculares de médio e grande calibre. | Tempo mais longo necessário para atingir a congelação durante a técnica |
| Múltiplas lesões podem ser percutaneamente lesões simultaneamente por via percutânea | |
| Mantém a estrutura proteica integrada, o que favorece a resposta imunitária (IL-2, IL-6...) | |
| Visualização correta da área a ser tratada (bola de gelo) | |

# BIBLIOGRAFIA


1. Goldeberg et al. Image-guided tumor ablation: standardization of terminology and reporting criteria. J.Vasc. Radiolol 2009; 20: 377-390.

2. Gage A, Baus JM, Baus JG. Experimental cryosurgery Investigations in vivo. Criobiologia 2009; 59: 229

3. Meyers M, Sasson A, Sigurdson E. Locoregional strategies for colorectal hepatic metastases. Clinical colorectal cancer. 2003; 3:34-44

4. Seifert JK, France MP, Zhao J, et al. Associação de congelação hepática de grande volume com libertação significativa das citocinas interleucina-6 e fator de necrose tumoral a num modelo de rato. World J. Surg 2002; 26: 1333- 1341.

5. Fortner JG, Blumgart Lh. A historical perpective of liver surgery for tumors at the end of the millennium. J. Am. Coll Surg 2001; 193: 210-222.

6. Rewcastle JC, Sandison GA, Saliken JC, Donnelly BJ et al. Considerationduring clinical operation of two commercial avaible cryomachines. J. Surg Oncol 1997; 71: 106-111.

7. Terence C et al. Resultados de uma experiência num único centro de ressecção hepática e crioablação de metástases hepáticas de sarcoma. J. Clin Oncol 2011; 34: 317-320.

8. Cooper SM, Dawber RP. A história da criocirurgia. J. R. Soc Med 2001; 94: 196-201.

9. Theodorescu D. Crioterapia do cancro: evolução e biologia. Rev Uro 2004; 6 Suppl 4: S9-S19.

10. Sung GT, Gill IS, Hsu TH et al. Effect of intentional cryo-injury to the renal collecting system. J. Urol 2003; 170: 619-622.

# Capítulo 6: Ablação por ultra-sons de alta frequência intensidade (HIFU)

# INTRODUÇÃO

A sigla HIFU (High-Intensity Focused Ultrasound) é um tipo de técnica ou procedimento que se baseia na aplicação de ondas sónicas focalizadas e dirigidas especificamente a uma área ou objetivo-alvo, de modo a provocar a morte ou a necrose de determinadas células de organismos vivos (1).

A ablação por ultra-sons focalizados de alta intensidade (HIFU) é um método de tratamento extracorporal não invasivo que utiliza feixes de ultra-sons focalizados e que é capaz de produzir uma necrose coagulativa completa das lesões alvo através da pele intacta sem exposição cirúrgica ou instrumentação (2).

A aplicação de ultra-sons focalizados de alta intensidade (HIFU) é uma

Conhecido sistema de ablação transcutânea semelhante à litotrícia extracorporal, estas ondas mecânicas têm por objetivo obter uma elevação localizada da temperatura e uma necrose coagulante completa do tumor no menor número de sessões possível. Quando aplicadas no fígado, as

A tecnologia HIFU transcutânea teve de ultrapassar desafios consideráveis, como os movimentos respiratórios, a distorção do feixe de ondas mecânicas pelas costelas e os longos tempos de aplicação. No entanto, os recentes avanços tecnológicos tornam-na um sistema de ablação focal atrativo com uma experiência considerável (3).

---

*Este procedimento não é invasivo, uma vez que não requer cirurgia ou produtos químicos, e tem a vantagem de não danificar os tecidos entre o local de emissão dos ultra-sons e a área alvo.*

---

# TÉCNICA E MECANISMO DE ACÇÃO

O princípio geral da HIFU envolve feixes de ultra-sons com comprimentos de onda curtos e frequências de megahertz focados em áreas-alvo de pequeno volume, resultando na necrose coagulativa imediata do tecido-alvo. A temperatura da área exterior à lesão alvo é inferior a 55 °C, o que não é suficiente para induzir uma lesão térmica. Além disso, a localização e a extensão do tratamento podem ser monitorizadas com precisão através de ultra-sons em tempo real. Teoricamente, presume-se que os danos causados pela HIFU estão confinados à área de ablação pretendida, sem danificar as estruturas sobrejacentes e adjacentes, mesmo dentro da trajetória do feixe (4).

A ablação por HIFU pode ser efectuada através de uma única exposição, resultando em zonas de ablação focal em forma de elipsoide ou em zonas de ablação em linha de forma retangular, formadas pela combinação de várias zonasde ablação elipsoidais. Uma vez que a zona de ablação causada por uma única exposição ultra-sónica é muito pequena, as zonas de ablação em várias filas são aplicadas principalmente até que toda a área alvo seja coberta (Fig. 1).

O funcionamento desta técnica baseia a sua eficácia no facto de as ondas sonoras, concentradas numa zona quando aplicadas em feixe, acabarem por gerar energia térmica que produz hipertermia nas zonas-alvo. Geram também uma força mecânica, sob a forma de vibração, que permite comprimir ou descomprimir os tecidos.

*Fig. 1:* *Tratamento HIFU ablativo guiado por imagem*

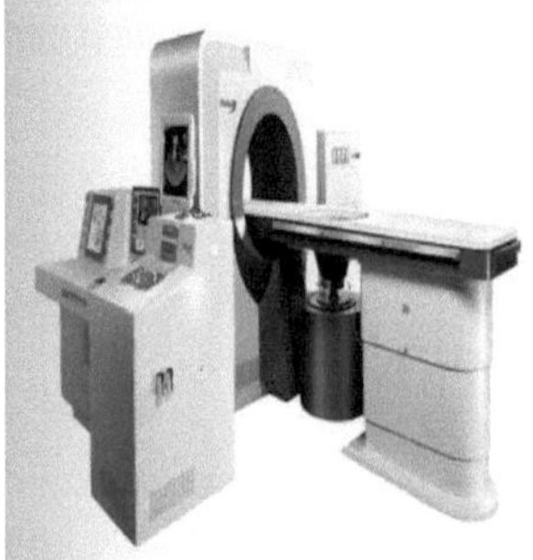
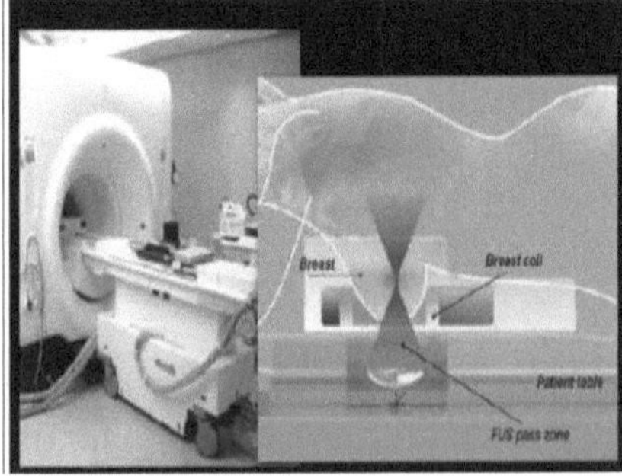

Esta técnica reduz o volume da lesão e, em alguns casos, elimina-a completamente, pelo que é necessário combiná-la com outros tratamentos (quimioterapia/imunoterapia) com os quais se gera um efeito sinérgico, melhorando a sobrevivência dos nossos pacientes (5).

Utilizando um dispositivo que foca um feixe de ultra-sons de alta intensidade, o volume máximo possível do tumor é destruído termicamente. Durante todo o procedimento, a zona tratada é visualizada por ultra-sons ou TAC, o que garante a eficácia do tratamento em tempo real e reduz ao mínimo a possibilidade de efeitos adversos ou complicações.

A técnica HIFU aplica uma temperatura entre 55 e 80ºC durante alguns segundos de forma direcionada para provocar a morte celular. A monitorização das alterações de temperatura fornece imagens tridimensionais no tecido alvo, o que minimiza o risco de danos nos tecidos adjacentes e a possibilidade de efeitos adversos.

Esta técnica reduz o volume da lesão nodular e, por vezes, elimina-a completamente, uma vez que não é invasiva e não requer cirurgia ou produtos químicos.

Atualmente, o tratamento com HIFU é experimentado para tumores sólidos em diferentes áreas do corpo. Os ultra-sons focalizados podem fazer com que a temperatura focal aumente rapidamente para mais de 90°C e criar efeitos de cavitação, resultando na necrose por coagulação do tecido alvo e em vasos sanguíneos danificados no interior das lesões (6).

***Os benefícios - as vantagens do tratamento são (7):***

• Morte e destruição de células tumorais por lesão térmica

• Reduzir o volume da lesão e, por vezes, eliminá-la completamente

• A vantagem mais relevante da cirurgia não invasiva é o facto de permitir a remoção de uma grande parte ou da totalidade da lesão tumoral sem qualquer agressão aos tecidos adjacentes. Isto permite um internamento hospitalar muito curto com uma rápida recuperação do doente.

• Estimula a resposta imunitária anti-tumoral

• Reduz igualmente o risco de infeção ou de introdução de elementos tóxicos.

• Pode melhorar a qualidade de vida, reduzir ou eliminar a dor relacionada com o tumor

# INDICAÇÕES E CONTRA-INDICAÇÕES

Recentemente, foram comunicadas taxas de resposta sustentadas superiores a 30% em tumores primários e secundários irressecáveis em várias séries orientais com os novos sistemas de orientação por feixe de ultra-sons. No entanto, ainda não existem estudos de qualidade comprovada para avaliar adequadamente esta tecnologia, pelo que a sua aplicação no Ocidente é irregular. As indicações e contra-indicações da HIFU são (8):

*1. Indicações:*

- Tratamento adjuvante de outras terapias
- Tratamento de recaídas ou mesmo como tratamento paliativo.
- Quando há recusas de transfusão.
- Quando a ressecção cirúrgica não é possível.

*2. Contra-indicações:*

- Pessoas que têm problemas auto-imunes ou um sistema imunitário alterado ou enfraquecido
- Pessoas com feridas abertas
- Distúrbios da coagulação
- Doentes com processos febris ou em estado de hipertermia.
- Doentes com implantes estéticos (o calor pode provocar a sua reabsorção ou gerar queimaduras graves) ou implantes metálicos, pelo menos na zona a tratar ou nas proximidades.
- Doentes com pacemakers (dado o risco de as ondas sónicas poderem afetar o implante) e implantes metálicos
- Insuficiência renal
- Diabetes grave ou doenças metabólicas.
- Nem em zonas como o pulmão, o estômago ou o intestino, uma vez que o gás que contêm limita o seu efeito.

# COMPLICAÇÕES

As complicações decorrentes do tratamento com HIFU para metástases hepáticas podem ser divididas em duas categorias gerais (9) e podem ser de 3 tipos, conforme descrito na tabela 1.

- As relacionadas com lesões térmicas adjacentes ao órgão ou à trajetória do feixe de ultra-sons, devido a áreas menos profundas da lesão alvo ou a uma penetração profunda indesejada nas áreas alvo
- Relacionado com derrame pleural artificial.

**Tabela 1:** Complicações da ablação por ultra-sons de alta intensidade

| C. MAJORES | C. MENORES | C. TARDE |
|---|---|---|
| • obstrução biliar<br>• derrame pleural sintomático<br>• pneumotórax<br>• fístula parede-tumor<br>• perfuração intestinal<br>• queimaduras de terceiro grau | • espessamento da pele, eritema<br>• dores musculares/abdominais<br>• náuseas<br>• queimaduras de primeiro e segundo grau<br>• derrame pleural assintomático<br>• dispneia e febre<br>• sensação de formigueiro | • rutura diafragmática<br>• fratura da costela |

# BIBLIOGRAFIA


1. Zhou YF. Ultrassom focalizado de alta intensidade na ablação clínica de tumores. World J Clin Oncol. 2011; 2: 8-27.

2. Kennedy JE, Ter Haar GR, Cranston D. High-intensity focused ultrasound: surgery of the future? J Radiol. 20 03; 76: 590-599.

3. Zhang L, Wang ZB. Ablação de tumores com ultra-sons focalizados de alta intensidade: revisão de dez anos de experiência clínica. Front Med China 2010; 4:294-302.

4. Haar GT, Coussios C. High-intensity focused ultrasound: physical principles and devices Int J Hyperthermia. 2007; 23: 89-104

5. Huber, P., Debus, J. & Jenne, J. (1996). Ultrassom terapêutico na terapia de tumores: princípios, aplicações e novos desenvolvimentos. Radiologia, 36: 64-71.

6. Chapelon, J.Y., Margonari, J. & Vernier, F. (1992). Efeitos in vivo do ultrassom de alta intensidade no adenocarcinoma prostático Dunning R3327. Cancer Res., 52: 6353-6357.

7. Vidal-Jove, J; Perich, E; Jaen, A, Alvarez del Castillo, M: Ablação hipertérmica por ultrassom guiado por ultrassom focalizado de alta intensidade.

(USgHIFU) mais Quimioterapia Sistémica (SC) para cancro do pâncreas localmente avançado: o segredo de uma sobrevivência mais longa. Jornal de Ultrassom Terapêutico 2014, 2 (suppl 1) A6.

8. Dubinsky TJ, Cuevas C, Dighe MK, Kolokythas O, Hwang JH High-intensity focused ultrasound: current potential and oncological applications. J Roentgenol. 2008; 190:191-199

9. Li JJ, Xu GL, Gu MF, et al. (2007) Complicações do ultrassom focalizado de alta intensidade em pacientes com tumores abdominais recorrentes e metastáticos.J. Gastroenterol 2007; 13: 2747-2751.

# Capítulo 7: Ablação nanotérmica

# INTRODUÇÃO

A hipertermia oncológica é uma técnica baseada no tratamento de tumores com temperaturas elevadas. A utilização de terapias térmicas no tratamento do cancro (hipertermia) não é nova, mas os seus benefícios eram bem conhecidos desde a Grécia antiga de Hipócrates e frequentemente utilizados pela medicina árabe.

A oncotermia, criada em 1988 por Szasz (1), permite a ação orientada desta técnica e melhora significativamente as perspectivas de vida dos doentes com cancro. A sua principal função consiste em gerar um campo electro-alternado fractal (sem emitir qualquer radiação) graças a dois eléctrodos: um fixo situado na superfície da cama em que o doente está deitado e um móvel através de um braço articulado que incide sobre o tumor primário ou as metástases. Este campo elétrico consegue aumentar permanentemente a temperatura da zona tumoral local a tratar e fornece energia constante, gerando assim um desfasamento de temperatura entre os electrólitos extra e intracelulares até se atingir o equilíbrio térmico no final do tratamento.

A oncotermia, também conhecida como "hipertermia electromodulada", "mEHT ou Nanothermia em Espanha, é um método de hipertermia electromodulada, não invasivo, coadjuvante no tratamento do cancro. É um tratamento que intervém selectiva e diretamente nas células cancerígenas, inibindo a sua atividade, estimulando a resposta imunitária do paciente, provocando a sua destruição e até ajudando eficazmente a reduzir a dor do paciente.

O sistema de Nanotermia é eficaz no tratamento de tumores sólidos e inoperáveis, uma vez que oferece a possibilidade de atingir o tumor de forma profunda e localizada. Cada tumor receberá um tratamento personalizado, sendo aplicadas variáveis adequadas às suas caraterísticas particulares (2).

# TÉCNICA E MECANISMO DE ACÇÃO

Baseia-se na aplicação de calor a partir do exterior do doente graças a um dispositivo médico de última geração. O aparelho de Oncothermia gera um campo dielétrico de energia capaz de provocar um aumento significativo da temperatura (até 45ºC) no interior do tumor. Esta energia é absorvida pelo líquido extracelular das células malignas e danifica-as consideravelmente, provocando a sua destruição (3).

A principal razão para estes bons resultados reside no facto de os tecidos tumorais terem uma condutividade mais elevada do que os tecidos saudáveis (devido a diferenças metabólicas a nível celular) e de as células cancerosas serem mais sensíveis às terapias térmicas. Partindo desta premissa, a oncotermia actua de forma direcionada no tecido tumoral e é absorvida sem afetar as células saudáveis.

É um tratamento eficaz em monoterapia, mas é aconselhável utilizá-lo em combinação com outros tratamentos sistémicos, como a radioterapia e/ou a quimioterapia, devido à sua ação sinérgica, uma vez que este aumento de temperatura aumenta a oxigenação das células cancerígenas (cujo metabolismo é normalmente hipóxico ou pobre em oxigénio), tornando-as mais sensíveis aos tratamentos de quimioterapia e/ou radioterapia - potenciando assim os seus efeitos e reduzindo consideravelmente as sequelas nocivas deles decorrentes(4).

Este sistema gera um campo electroalternado fractal através de dois pólos, um fixo na zona da cama onde se encontra o paciente e outro móvel através de um braço que se coloca na posição do tumor primário ou metástase. Nesta zona desenvolve-se um aumento absoluto de temperatura, derivado da energia aplicada. Não há radiação (Fig. 1). Assim, consegue-se um aumento permanente da temperatura na zona do tumor. Esta diferença de temperatura actua sobre a membrana celular e provoca um stress térmico desestabilizador na membrana da célula tumoral, levando à apoptose (morte celular programada).

Esta técnica, ao contrário de outros tratamentos baseados na hipertermia (4), não aquece o tumor, as metástases e os tecidos circundantes, com os efeitos secundários que este aquecimento teria para o doente, mas aplica calor ao tumor através de energia electromagnética; consegue-se um aumento permanente da temperatura na zona tumoral, sem radiação e, graças ao fornecimento constante de energia, gera-se um gradiente de temperatura entre os electrólitos extra e intracelulares até se atingir o equilíbrio térmico no final da terapia. Esta diferença de temperatura (embora baixa em números absolutos) actua sobre a membrana celular e leva a um stress térmico desestabilizador da membrana das células tumorais (6), conduzindo à apoptose ou morte celular programada. Cada tumor, dependendo do seu tipo histológico e de outras variáveis, receberá um tempo e uma dose próprios, terá um tratamento diferente e serão aplicadas variáveis adaptadas às suas caraterísticas. Existe um mecanismo de controlo da dose de energia absorvida pelo tumor. Por conseguinte, não utiliza a temperatura como parâmetro, mas sim a "energia específica absorvida" (Gy).

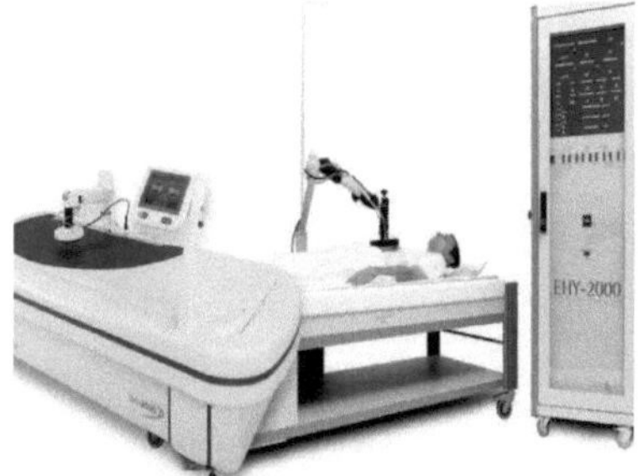

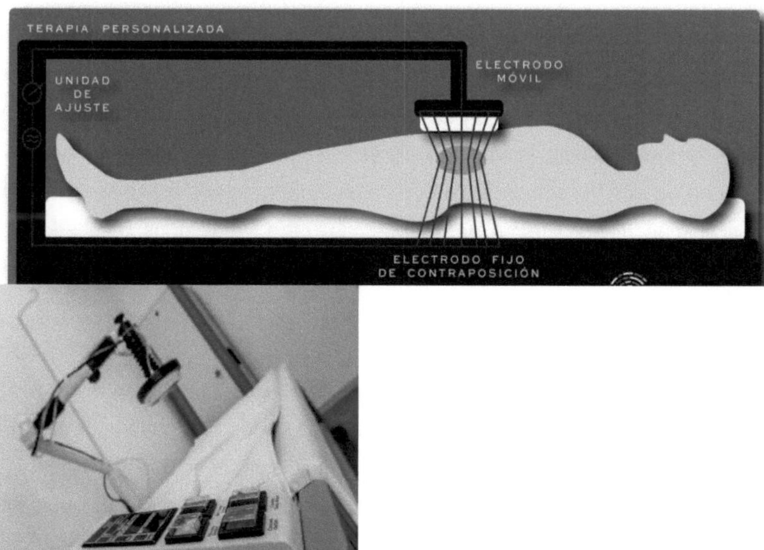



*Fig. 1: Sistema de nanotermia médica (em cima). Ilustração esquemática do dispositivo de oncotermia EHY-2000 e do modo como actua no doente (em baixo).*

A oncotermia é uma terapia que actua a dois níveis principais:

A. Através de um aumento seletivo e permanente da temperatura no fluido extracelular do tecido tumoral. É gerado um campo elétrico modulado que transfere energia de forma constante graças ao princípio de acoplamento capacitivo (como um condensador) das ondas de radiofrequência de 13,56 MHz. Este campo permite uma absorção de energia no fluido extracelular (ECM). Devido à entrada constante de energia, é gerado um gradiente de temperatura entre os electrólitos extracelulares e intracelulares até se atingir um equilíbrio térmico no final do tratamento (6).

Esta diferença de temperatura actua através da membrana celular da célula cancerígena (do exterior para o interior) provocando um stress térmico que a desestabiliza e enfraquece, reforçando o sistema imunitário do doente e provocando a apoptose ou morte celular programada.

B. Aumentando a oxigenação das células malignas. Uma caraterística que torna as células cancerosas resistentes aos tratamentos oncológicos é o seu grau de hipoxia (deficiência de oxigénio), que é muito superior ao das células sãs. A oncotermia consegue este aumento da oxigenação das células cancerosas, tornando-as mais vulneráveis aos tratamentos de quimio e/ou radioterapia (7).

Os protocolos internacionais de oncotermia recomendam geralmente 2 a 3 sessões por semana, deixando um dia de descanso entre elas, até um total de 12 sessões, coincidindo com o tratamento de quimioterapia e radioterapia ou em monoterapia. O tempo de cada sessão varia habitualmente entre 1 e 1,5 horas, consoante a patologia do doente. Recomenda-se que passem pelo menos 6 semanas desde a última aplicação do tratamento de Oncotermia, para verificar os resultados nos exames médicos de imagem; além de controlar progressivamente os marcadores tumorais até à realização do exame.

Os efeitos da Oncotermia no doente são:

• Maior destruição das células cancerosas, uma vez que a membrana das células tumorais é afetada, melhorando a indução da apoptose. Inibindo assim o crescimento do tumor, produzindo alterações no ciclo celular neoplásico.

• Aumento da temperatura vascular (8), o que implica maior vasodilatação e aumento da oxigenação dos tecidos, reduzindo a hipóxia e a acidez do pH. Estas condições aumentam a sensibilidade do tecido neoplásico à ação dos tratamentos de quimioterapia e radioterapia combinados com a oncotermia.

• Diminuição da dor do paciente.

# Efeitos a nível celular.

1. O tumor é submetido a um campo elétrico modulado específico para as suas caraterísticas. O campo elétrico é aplicado especificamente às células tumorais sem afetar o tecido saudável (9).

2. O campo elétrico afecta os processos bioquímicos do tumor, afectando as membranas plasmáticas das células tumorais, modificando o seu potencial transmembranar, o que gera reacções intra e extracelulares: a concentração intracelular de sódio aumenta e há uma saída de potássio.

3. Como consequência desta alteração das membranas e do seu potencial, promove-se a formação de ligações celulares (moléculas chamadas cateninas e E-caderinas com ativação da p53) que restabelecem a ordem e provocam o colapso celular ou a apoptose. A duração do tratamento é de uma hora a uma hora e meia, consoante o tipo de tumor (10,11).

4. Tudo isto gera também efeitos não só sobre o tumor, mas também indiretamente, facilitando o contacto do sistema imunitário com as estruturas tumorais antigénicas. O sistema imunitário torna-se mais competente para lutar contra o cancro (12).

# Benefícios.

- Tratamento não invasivo e sem efeitos secundários. É seletivo e, se aplicado em conjunto com outras técnicas clássicas (quimioterapia/radioterapia), reduz as consequências nefastas destas e melhora a eficácia do tratamento anti-tumoral.

- Reforça os efeitos terapêuticos da quimioterapia e da radioterapia; pode ser aplicada com estas, antes ou depois da cirurgia. Ao eliminar as células malignas (por apoptose), dá ao sistema imunitário a capacidade de as identificar e de gerar respostas mais eficazes, tanto nos tumores primários como nas metástases.

- Reduz o tamanho dos tumores num estado de desenvolvimento muito avançado, para além dos meios convencionais

- Melhora a resposta imunitária eliminando as células malignas por apoptose

- Por vezes, facilita a cirurgia e pode ser aplicado após a cirurgia.

- Redução da dor. É um tratamento indolor. Também leva a um aumento da imunogenicidade e reduz eficazmente a dor do doente.

- Aumenta a temperatura vascular e permite que as terapias convencionais, como a quimioterapia e a radioterapia, sejam mais eficazes em zonas pouco vascularizadas e com falta de oxigénio, uma vez que vasculariza as zonas resistentes e elimina as zonas hipóxicas (8).

- Maior capacidade de destruição das células tumorais através da indução da apoptose, um mecanismo molecular no interior das células através do qual o organismo elimina as células desnecessárias, infectadas e potencialmente cancerosas. Trata-se de uma forma de morte celular programada, por oposição à necrose, em que a morte celular é causada por danos ou lesões (13).

- O sistema de nanotermia adapta a sua modulação ao tipo de cancro do paciente. Cada tumor receberá um tratamento diferente e serão aplicadas variáveis adaptadas às suas caraterísticas.

# Contra-indicações.

As contra-indicações a este tratamento devem ser avaliadas caso a caso e estão descritas no quadro 1.

**Quadro 1: Contra-indicações para a nanotermia - Oncotermia**

| CONTRA-INDICAÇÕES |
| --- |
| Pacientes transplantados ou imunossuprimidos |
| Mulheres grávidas |
| Pacientes inconscientes, sem reação física |
| Doentes com pacemakers ou implantes electrónicos |
| Doentes com prótese metálica ou reservatório metálico (Port-a-Cath) próximo do local de aplicação |
| Em doentes com feridas abertas, na zona a aplicar. |
| Doentes com epilepsia |
| Pessoas que tenham feito implantes de silicone. |
| Se houver derrame pleural, ascite ou outra acumulação de fluidos. |

# BIBLIOGRAFIA


1. Szasz, "Physical background and technical realization of hyperthermia," in Locoregional Radiofrequency-Perfusional- and Wholebody- Hyperthermia in Cancer Treatment: New Clinical Aspects, G. F. Baronzio and E. D. Hager, Springer Science and Eurekah.com. 2006; Eds., pp. 27-59.

2. Szasz, N. *Oncothermia-Principles and Practices*, Springer, 2010

3. Singh, "Hyperthermia-a new dimension in cancer treatment," Indian Journal of Biochemistry and Biophysics, 1990; vol. 27 (4): 195-201.

4. M. Israël e L. Schwartz, "The metabolic advantage of tumour cells" (A vantagem metabólica das células tumorais), Molecular Cancer, vol. 10, artigo 70, 2011.

5. H. R. Moyer e K. A. Delman, "The role of hyperthermia in optimizing tumor response to regional therapy," *International Journal of Hyperthermia*, vol. 24, no. 3, pp. 251-261, 2008.

6. G. Vincze, N. Szasz, e A. Szasz, "On the thermal noise limit of cellular membranes," *Bioelectromagnetics*, vol. 26, no. 1, pp. 28-35, 2005.

7. M. R. Horsman e J. Overgaard, "Can mild hyperthermia improve tumour oxygenation?" *International Journal of Hyperthermia. 1997;* vol. 13 (2): 141-147.

8. P. W. Vaupel e D. K. Kelleher, "Pathophysiological and vascular characteristics of tumours and their importance for hyperthermia: heterogeneity is the key issue," *International Journal of Hyperthermia*, 2010; vol. 26 (3): 211-223.

9. V. D. Ferrari, S. De Ponti, F. Valcamonico et al., "Electro-hipertermia profunda (EHY) com ou sem agentes termo-activos em doentes com carcinoma de células hepáticas avançado: estudo de fase II," *Journal of Clinical Oncology* 2007; vol. 25: 18S.

10. Gadaleta-Caldarola G, Infusino S, Galise I, et al. (2014) Sorafenib e electro-hipertermia profunda loco-regional no carcinoma hepatocelular avançado. Um estudo de fase II. Oncol Lett, 2014; 8(4):1783-1787.

11. R. M. Bremnes, R. Veve, F. R. Hirsch, e W. A. Franklin, "The E-cadherin cell-cell adhesion complex and lung cancer invasion, metastasis, and prognosis," *Lung Cancer*, 2009; vol. 36(2): 115-124.

12. Andocs G., Szasz O., Szasz A. Oncothermia Cancer Treatment: From the Laboratory to the Clinic. electromagnetic Biol. Medicine. 2009; 28:148-165.

13. Andocs G., Renner H., Balogh L., Fonyad L., Jakab C., Szasz A. Forte sinergia do calor e do campo eletromagnético modulado na destruição de células tumorais. Strahlenther. Onkol. 2009; 185:120-126.

# INTRODUÇÃO

A destruição térmica direta de tumores hepáticos por energia laser é conhecida por vários acrónimos: ablação térmica laser (LTA), termoterapia laser intersticial (ILT), fotocoagulação laser intersticial (ILP) e LITT.

A terapia térmica intersticial com laser (LITT) é uma técnica minimamente invasiva para o tratamento de tumores. O conceito existe desde o final da década de 1970 e, em 1983, Bown et al (1) utilizaram um laser de granada de alumínio e ítrio dopado com neodímio (Nd:YAG) inicialmente para o tratamento de tumores cerebrais. Posteriormente, as indicações foram alargadas e atualmente é também utilizado no tratamento de metástases hepáticas. A terapia térmica intersticial com laser (LITT) oferece uma opção cirúrgica minimamente invasiva para o tratamento de diferentes tipos de tumores.

O principal efeito biológico da irradiação laser intersticial é o dano térmico. (2) A LITT resulta no aquecimento do tecido tratado e causa indução enzimática, desnaturação proteica, fusão lipídica da membrana, esclerose dos vasos e necrose por coagulação. A necrose tecidular induzida pelo calor resulta de um aumento de temperatura superior a 43°C, e o tempo até à morte celular depende exponencialmente da temperatura. Os aumentos rápidos de temperatura podem provocar a carbonização dos tecidos, que subsequentemente altera as propriedades ópticas do tecido e limita a penetração do laser. (3) O sobreaquecimento pode também resultar na vaporização dos tecidos.

# TÉCNICA E MECANISMO DE ACÇÃO

A termoterapia intersticial induzida por laser (LITT), ou fotocoagulação intersticial por laser, é semelhante ao t r a t a m e n t o  por hipertermia, que utiliza o calor para reduzir os tumores, danificando ou destruindo as células cancerígenas. Durante a LITT, é introduzida uma fibra ótica num tumor. A luz laser na ponta da fibra aumenta a temperatura das células tumorais e danifica-as ou destrói-as. A termoterapia induzida por laser (LITT) é minimamente invasiva; é um método terapêutico suave para o tratamento local de tumores malignos do fígado.

A técnica é realizada sob anestesia local com recurso a TC ou ultra-sons (percutânea), o aplicador do laser é empurrado através de um pequeno orifício na pele abdominal diretamente para o tecido hepático. Em seguida, uma sonda laser é colocada sob a pele no tecido hepático. Esta luz laser, com um comprimento de onda de 1064 nanómetros, é transmitida através de uma fibra de vidro às células tumorais, aquecendo-as e destruindo-as. A ressonância magnética (RMN) monitoriza e controla de perto o tratamento e o progresso da terapia pode ser avaliado com a ajuda de imagens especiais sensíveis à temperatura. A duração do procedimento é de cerca de meia hora. Durante este tempo, o doente está acordado.

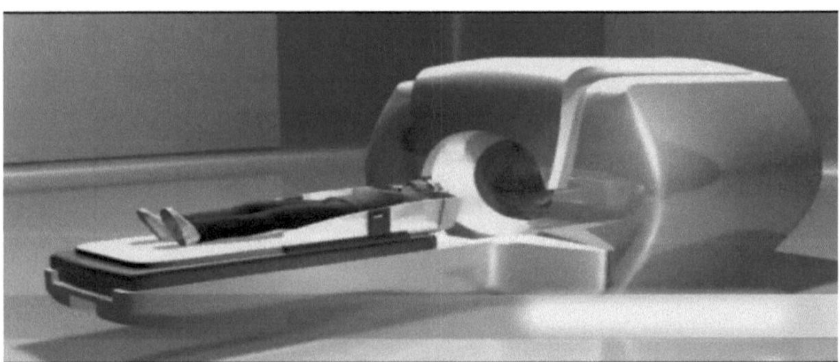

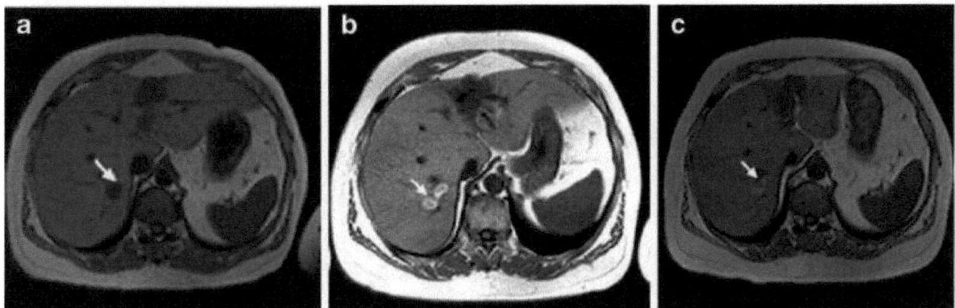

*Fig. 1: Superior: Sistema de laser intersticial com RM. Inferior: Imagens de RM ponderadas em T1 num doente com metástases hepáticas tratado com termoterapia induzida por laser ( a ) antes, ( b ) 24 h após a cirurgia e ( c ) 6 meses após a termoterapia induzida por laser.*

O LITT utiliza energia laser aplicada a um alvo através de um cateter de fibra ótica, que danifica as proteínas intracelulares e o ADN, provocando a morte celular subsequente. A LITT permite uma demarcação clara entre a ablação e o tecido não lesado, o que, quando combinado com a capacidade de monitorizar e controlar a ablação através de imagens térmicas por RM, resulta num elevado nível de precisão e controlo. A coagulação é conseguida utilizando uma luz laser de granada de alumínio e ítrio de neodímio. A técnica multi-aplicador envolve o tratamento de uma lesão com múltiplos (até 5) aplicadores laser em simultâneo (4).

Trata-se de um procedimento de destruição de tecidos, que utiliza o calor gerado pela absorção da luz. As fibras ópticas são introduzidas na lesão através de um procedimento estereotáxico e de anestesia local. A técnica é compatível com a ressonância magnética. Utiliza a energia laser para aquecer e destruir os tumores. A TTIL funciona porque certas nanopartículas podem absorver a energia de um laser e convertê-la em calor. Se as nanopartículas forem atingidas pelo feixe no interior do tumor, libertam a energia a alta temperatura e destroem as células tumorais. A luz pode ser focada em fibras ópticas finas; estas podem ser inseridas profundamente na massa tumoral ou em cavidades naturais do corpo, de uma forma minimamente invasiva. O objetivo é destruir o tecido tumoral por coagulação térmica. (5)

A termoterapia induzida por laser é cada vez mais utilizada para metástases hepáticas que, devido à sua localização ou a doenças anteriores, não podem ser tratadas convencionalmente, ou seja, através de remoção cirúrgica. Este procedimento não substitui os procedimentos estabelecidos, como as operações e/ou a quimioterapia, mas deve representar uma opção mais eficaz no conceito de terapia interdisciplinar. No caso de doenças já sistémicas, o procedimento de ablação térmica local LITT pode ser realizado em complemento da quimioterapia necessária e otimizar o sucesso do tratamento. (6)

# Vantagens e desvantagens

As vantagens e desvantagens da técnica laser LITT são apresentadas no quadro 1.

**Quadro 1: Vantagens e desvantagens dos lasers LITT**

| Vantagens | Desvantagens |
| --- | --- |
| Terapia mais amiga do doente | Não recomendado em metástases extra-hepáticas |
| Prognóstico semelhante ao de outras técnicas | Número de lesões não superior a cinco |
| Possibilidade de utilização repetida | O tamanho máximo das lesões é de 5 cm |

# AS INDICAÇÕES

Se a cirurgia não for possível, o TCI é uma opção minimamente invasiva, paliativa e potencialmente curativa. Em doentes selecionados com CHC, metástases hepáticas de cancro colorrectal e outros tumores malignos do fígado, pode melhorar a sobrevivência de forma semelhante à ressecção cirúrgica. A TCI pode tratar uma proporção maior de pacientes com neoplasia hepática do que a cirurgia isolada, mas é essencial uma compreensão completa dos princípios do tratamento para maximizar a utilização desta tecnologia. A extensão da necrose tecidular é variável e depende do dispositivo laser, do tipo de fibra utilizada, das definições de potência, dos tempos de exposição e da biologia do tumor. A necrose pode ser incompleta, particularmente em tumores com mais de 5 cm de diâmetro. Os aperfeiçoamentos contínuos da tecnologia laser, uma melhor compreensão dos mecanismos envolvidos na lesão tecidular induzida pelo laser e métodos inovadores para manipular estes mecanismos podem permitir que a ILT substitua a cirurgia como tratamento primário dos tumores malignos do fígado em doentes selecionados. As indicações actuais incluem:

- Doença irressecável devido à localização anatómica dos tumores ou a uma reserva hepática funcional insuficiente e sem evidência de doença extra-hepática
- Preferência do doente
- Contra-indicações médicas para cirurgia (7)
- não estão presentes mais de cinco lesões e nenhuma lesão tem mais de 5 cm de diâmetro máximo (8)
-    A ILT pode ser utilizada em combinação com a ressecção cirúrgica para conseguir a remoção completa do tumor (9).

# Complicações

As complicações da LTI foram descritas por Mack et al. (7), sendo o derrame pleural (7,3%) e o abcesso intra-hepático (0,4%) as mais comuns. Outras lesões estão descritas na tabela (10, 11). As complicações clinicamente relevantes ocorreram em menos de 2% dos doentes (Tabela 2).

Tabela 2: Complicações da terapia laser intersticial LITT

| Complicações menores | Complicações graves |
|---|---|
| derrame pleural 7,3% derrame pleural 7,3% derrame pleural 7,3% derrame pleural 7,3% derrame pleural | empiema pleural 0,1%. |
| abscesso intra-hepático 0,4% abscesso intra-hepático 0,4% abscesso intra-hepático 0,4% abscesso intra-hepático | hemorragia intra-hepática 0,2% hemorragia intra-hepática 0,2% hemorragia intra-hepática 0,2% hemorragia intra-hepática |
| hematoma subcapsular 3,1%. | hemorragia intra-abdominal 0,2%. |
| infeção local no local da punção 0,2%. | lesão da via biliar 0,1% lesão da via biliar 0,1% lesão da via biliar 0,1% lesão da via biliar |
| | sementeira de tumores |

Os abcessos intra-hepáticos, os derrames e o empiema pleural podem exigir drenagem. Pode ocorrer sementeira do tumor; até 20 % desenvolvem sementeira do tumor ao longo do trajeto da biopsia; foram comunicados 2 casos de sementeira do tumor após LITT com laser, o que faz com que esta seja uma complicação extremamente rara deste procedimento (12).

Foi demonstrado que a termoterapia intersticial induzida por laser pode ajudar a atingir taxas de sobrevivência semelhantes às observadas com a ressecção cirúrgica em metástases hepáticas de cancro colorrectal e da mama, bem como de outros tumores abdominais (13), embora sejam escassos os estudos aleatórios (14). A maior série publicada de qualquer técnica ablativa percutânea é a da ablação por laser, que consistiu em metástases hepáticas principalmente de carcinoma colorrectal (15).

# BIBLIOGRAFIA


1. Bown SG et al: Fototerapia em tumores. World J Surg 1983; 7:700-709.

2. Stafford RJ, Fuentes D, Elliott AA, Weinberg JS e Ahrar K: Terapia térmica induzida por laser para ablação de tumores. Crit Rev Biomed Eng. 2010; 38:79- 100

3. Rahmathulla G, Recinos PF, Kamian K, Mohammadi AM, Ahluwalia MS, & Barnett GH: Terapia térmica intersticial a laser guiada por ressonância magnética em neuro-oncologia: uma revisão das suas aplicações clínicas actuais. Oncologia. 2014; 87:67-82.

4. Vogl TJ, Straub R, Eichler K et al. Malignant liver tumours treated with MR imaging-guided laser-induced thermotherapy: Experience with complications in 899 patients (2,520 lesions). Radiologia. 2002; 225:367- 377

5. . Gilliams AR, Brokes J, Hare C. Seguimento de doentes com lesões hepáticas metastáticas tratados com terapia laser intersticial. Br J Cancer 1997; 76:31.

6. Mack MG, Straub R, Eichler K, et al. Metástases de termoterapia induzida por laser guiada por imagiologia por RM percutânea. Abdom Imaging 2001; 26:369- 74.

7. Mack MG, Straub R, Eichler k, Engelmann k, Roggan A et al. *Percutaneous MRI image-guided laser-induced thermotherapy of liver metastases. Images of the abdomen* 2001; 26: 369-374.

8. Amin Z, Donald JJ, Kant R, Steger C.A, Bown SG et al. *Metástases hepáticas: fotocoagulação laser intersticial com monitorização por ultra-sons em tempo real e avaliação dinâmica do tratamento por TAC. Radiologia* 1993; 187: 339-347.

9. Curley SA, cusack JC jr, Tanabe KK, Ellis LM. *Avanços no tratamento de tumores hepáticos. Curr Probl Surgery* 2002; 39: 449 - 571

10. Vogl T.J., mack mg, Straub R, Roggan A, Félix R. Radiologia de intervenção abdominal guiada por ressonância magnética: termoterapia induzida por laser de metástases hepáticas. Endoscopy 1997; 29: 577-583.

11. Vogl T.J., Eichler k, Straub R, Engelmann k, Woitaschek D et al. Laser-induced thermotherapy of malignant liver tumors: general principles, equipment(s), procedure(s)-side effects, complications, and outcomes. Eur J Ultrasound 2001; 13: 117-127.

12. Jorge A, Tarantino L, de Stefano G, Farella norte, Catalano O, Cusati B, et al. Fotocoagulação laser intersticial sob orientação de ultrassom de tumores hepáticos: resultados em 104 pacientes tratados. Eur J Ultrasound 2000; 11: 181-188.

13. Vogl TJ, Naguib NN, Eichler K, et al. Avaliação volumétrica de metástases hepáticas após ablação térmica: resultados a longo prazo após termoterapia induzida por laser guiada por RM. *Radiology* 2008; 249: 865-871.

14. Vogl TJ, Straub R, Eichler K, et al. Tumores malignos do fígado tratados com termoterapia induzida por laser guiada por imagens de RM: experiência com complicações em 899 pacientes (2.520 lesões). *Radiology* 2002; 225: 367- 377.

15. Gillams Arkansas, Poso WR. Survival after percutaneous image-guided thermal ablation of colorectal cancer liver metastases (Sobrevivência após ablação térmica percutânea guiada por imagem de metástases hepáticas de cancro colorrectal). Dis Colon Reto 2000; 43: 656-661.